학습 스케줄표

공부한 날짜를 쓰고 학습한 후 부모님·선생님께 확인을 받으세요.

1주

	쪽수	공부한 날	확인
준비	6~9쪽	월 일	확인
1일	10~13쪽	월 일	확인
2일	14~17쪽	월 일	확인
3일	18~21쪽	월 일	확인
4일	22~25쪽	월 일	확인
5일	26~29쪽	월 일	확인
평가	30~33쪽	월 일	확인

2주

	쪽수	공부한 날	확인
준비	36~39쪽	월 일	확인
1일	40~43쪽	월 일	확인
2일	44~47쪽	월 일	확인
3일	48~51쪽	월 일	확인
4일	52~55쪽	월 일	확인
5일	56~59쪽	월 일	확인
평가	60~63쪽	월 일	확인

3주

	쪽수	공부한 날	확인
준비	66~69쪽	월 일	확인
1일	70~73쪽	월 일	확인
2일	74~77쪽	월 일	확인
3일	78~81쪽	월 일	확인
4일	82~85쪽	월 일	확인
5일	86~89쪽	월 일	확인
평가	90~93쪽	월 일	확인

4주

	쪽수	공부한 날	확인
준비	96~99쪽	월 일	확인
1일	100~103쪽	월 일	확인
2일	104~107쪽	월 일	확인
3일	108~111쪽	월 일	확인
4일	112~115쪽	월 일	확인
5일	116~119쪽	월 일	확인
평가	120~123쪽	월 일	확인

Chunjae
Makes
Chunjae

▼

기획총괄	박금옥
편집개발	윤경옥, 박초아, 김연정, 김수정
	임희정, 조은영, 이혜지, 최민주
디자인총괄	김희정
표지디자인	윤순미, 김지현, 심지현
내지디자인	박희춘, 우혜림
제작	황성진, 조규영

발행일	2022년 11월 1일 초판 2022년 11월 1일 1쇄
발행인	(주)천재교육
주소	서울시 금천구 가산로9길 54
신고번호	제2001-000018호
고객센터	1577-0902

초등 문해력

독해가 힘이다

3-A 문장제 수학편

주별 Contents «

이 책의 **구성과 특징**

〈초등문해력 독해가 힘이다 문장제 수학편〉은
읽고 이해하여 문제해결력을 강화하는 수학 문해력 훈련서입니다.

 매일 4쪽씩, 28일 학습으로 자기 주도 학습이 가능해요.

《 수학 문해력을 기르는 **준비 학습**

준비 학습 문해력 **기초 다지기**　〈문장제에 적용하기〉

○ 연산 문제가 어떻게 문장제가 되는지 알아봅니다.

1　278＋354　》》　**278**보다 **354**만큼 더 큰 수는 얼마인가요?

	2	7	8
＋	3	5	4

식　278＋354＝

2　392＋254　》》　싱싱 채소 가게에 당근이 **392**개 있고,
오이가 **254**개 있습니다.
당근과 오이는 모두 몇 개인가요?

식

답　　　개

3　985＋405　》》　서울 도서전에 어제 입장한 어린이는 **985**명이고,
오늘은 어제보다 **405**명 더 많이 입장했습니다.
서울 도서전에 오늘 입장한 어린이는 몇 명인가요?

식

답　　　명

준비 학습 문해력 **기초 다지기**　〈문장 읽고 문제 풀기〉

○ 간단한 문장제를 풀어 봅니다.

1　옥수수 농장에 가서 옥수수를 1반 친구들은 **612**개 땄고,
2반 친구들은 **563**개 땄습니다.
1반과 2반 친구들이 딴 옥수수는 모두 몇 개인가요?

식　　　　　　답

2　지섭이의 휴대 전화 문자 보관함에 문자가 **326**통 있습니다.
그중 **134**통을 지웠다면
문자 보관함에 남은 문자는 몇 통인가요?

식　　　　　　답

3　준이가 **217 cm**짜리 끈을 두 도막으로 잘랐습니다.
자른 한 도막의 길이가 **109 cm**라면
다른 한 도막의 길이는 몇 **cm**인가요?

식　　　　　　답

▎**문장제**에 적용하기

연산, 기초 문제가 어떻게 문장제가 되는지 알아
봐요.

▎**문장 읽고 문제 풀기**

이번 주에 풀 문장제 유형의 가장 단순한 문장제
를 풀면서 기초를 다져요.

≪ 수학 문해력을 기르는

1일~4일 학습

문제 속 핵심 키워드 찾기 → **해결 전략 세우기** → 전략에 따라 문제 풀기 → 문해력 레벨업 으로 이어지는 학습법

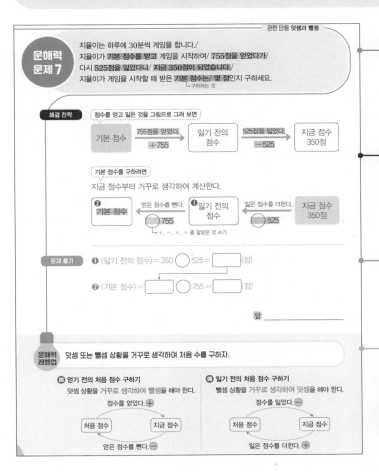

관련 단원 덧셈과 뺄셈

문해력 문제 7

지율이는 하루에 30분씩 게임을 합니다./
지율이가 **기본 점수**를 받고 게임을 시작하여/ **755점을 얻었다가**/
다시 **525점을 잃었더니**/ **지금 350점**이 되었습니다./
지율이가 게임을 시작할 때 받은 **기본 점수**는/ 몇 점인지 구하세요.
└ 구하려는 것

해결 전략

점수를 얻고 잃은 것을 그림으로 그려 보면

| 기본 점수 | 755점을 얻었다. +755 | 잃기 전의 점수 | 525점을 잃었다. -525 | 지금 점수 350점 |

기본 점수를 구하려면

지금 점수부터 거꾸로 생각하여 계산한다.

| ❷ 기본 점수 | 얻은 점수를 뺀다. ◯755 | ❶ 잃기 전의 점수 | 잃은 점수를 더한다. ◯525 | 지금 점수 350점 |

└ +, -, ×, ÷ 중 알맞은 것 쓰기

문제 풀기

❶ (잃기 전의 점수)= 350 ◯ 525 = ☐ (점)

❷ (기본 점수)= ☐ ◯ 755 = ☐ (점)

답 _____

문해력 레벨업

덧셈 또는 뺄셈 상황을 거꾸로 생각하여 처음 수를 구하자.

⒜ 얻기 전의 처음 점수 구하기
덧셈 상황을 거꾸로 생각하여 뺄셈을 해야 한다.

점수를 얻었다. ⊕

처음 점수 ↔ 지금 점수

얻은 점수를 뺀다. ⊖

⒝ 잃기 전의 처음 점수 구하기
뺄셈 상황을 거꾸로 생각하여 덧셈을 해야 한다.

점수를 잃었다. ⊖

처음 점수 ↔ 지금 점수

잃은 점수를 더한다. ⊕

문제 속 핵심 키워드 찾기

문제를 끊어 읽으면서 핵심이 되는 말인 주어진 조건과 구하려는 것을 찾아 표시해요.

해결 전략 세우기

찾은 핵심 키워드를 수학적으로 어떻게 바꾸어 적용해서 문제를 풀지 전략을 세워요.

전략에 따라 문제 풀기

세운 해결 전략 ❶ → ❷ → ❸의 순서에 따라 문제를 풀어요.

문해력 레벨업

수학 문해력을 한 단계 올려주는 비법 전략을 알려줘요.

문해력 문제의 풀이를 따라
쌍둥이 문제 → 문해력 레벨 1 → 문해력 레벨 2 를
차례로 풀며 수준을 높여가며 훈련해요.

≪ 수학 문해력을 기르는

5일 학습

HME 경시 기출 유형 , 수능대비 창의 · 융합형 문제를 풀면서 수학 문해력 완성하기

덧셈과 뺄셈

덧셈과 뺄셈은 생활 속에서 자주 쓰이는 연산이에요.
다양한 덧셈, 뺄셈 문제를 차근차근 읽고
상황을 머릿속으로 떠올려 보면서 덧셈식과 뺄셈식 중에서
알맞은 식을 세워서 문제를 해결해 봐요.

이번 주에 나오는 **어휘 & 지식백과** 🔍

11쪽 **오디션** (audition)
가수, 배우, 운동선수 등을 뽑기 위한 실기 시험

13쪽 **예매** (豫 미리 예, 買 살 매)
공연 관람권 등을 미리 사는 것

15쪽 **국립공원** (國 나라 국, 立 설 립, 公 공평할 공, 園 동산 원)
우리나라를 대표하는 자연·문화를 보호하기 위해 국가가 관리하는 보호 지역

21쪽 **서빙 로봇** (serving robot)
음식점 등에서 위치를 인식하고 장애물을 피해 음식을 나르는 로봇

23쪽 **비법** (祕 숨길 비, 法 방법 법)
공개하지 않고 비밀리에 하는 방법

25쪽 **염전** (鹽 소금 염, 田 밭 전)
소금을 만들기 위해 바닷물을 끌어 들여 논처럼 만든 곳

29쪽 **열량** (熱 더울 열, 量 헤아릴 량)
식품을 먹었을 때 몸속에서 발생되는 에너지의 양

문해력 기초 다지기

문장제에 적용하기

○ 연산 문제가 어떻게 문장제가 되는지 알아봅니다.

1 278＋354

	2	7	8
＋	3	5	4

>> **278**보다 **354**만큼 더 큰 수는 얼마인가요?

식 $278 + 354 = \boxed{}$

답 _____

2 392＋254

>> 싱싱 채소 가게에 당근이 **392**개 있고,
오이가 **254**개 있습니다.
당근과 오이는 **모두 몇 개**인가요?

식 _____

꼭! 단위까지
따라 쓰세요.

답 _____ 개

3 985＋405

>> 서울 도서전에 어제 입장한 어린이는 **985**명이고,
오늘은 어제보다 **405**명 더 많이 입장했습니다.
서울 도서전에 **오늘 입장한 어린이는 몇 명**인가요?

식 _____

답 _____ 명

4 449 — 268

449와 268의 차는 얼마인가요?

식   449 — 268 = ☐

답

---

5 800 — 321

800보다 321만큼 더 작은 수는 얼마인가요?

식

답

---

6 510 — 294

샛별 마을에서 축제를 하는 데 백설기를 **510**상자,
시루떡을 **294**상자 준비했습니다.
백설기는 시루떡보다 **몇 상자 더 많이** 준비했나요?

식   꼭! 단위까지
따라 쓰세요.

답   상자

---

7 932 — 617

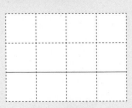

생선 가게에 생선이 **932**마리 있었습니다.
생선을 **617**마리 팔았다면
생선 가게에 남아 있는 생선은 **몇 마리**인가요?

식

답   마리

○ 간단한 문장제를 풀어 봅니다.

1 옥수수 농장에 가서 옥수수를 1반 친구들은 **612개** 땄고,
2반 친구들은 **563개** 땄습니다.
1반과 2반 친구들이 딴 옥수수는 **모두 몇 개**인가요?

식 _____ 답 _____

2 지섭이의 휴대 전화 문자 보관함에 문자가 **326통** 있습니다.
그중 **134통**을 지웠다면
문자 보관함에 **남은 문자는 몇 통**인가요?

식 _____ 답 _____

3 준이가 **217 cm**짜리 끈을 두 도막으로 잘랐습니다.
자른 한 도막의 길이가 **109 cm**라면
다른 한 도막의 길이는 몇 cm인가요?

식 _____ 답 _____

4 주차장에 자동차가 **234**대 있었는데
141대가 더 들어왔습니다.
지금 주차장에 있는 **자동차는 모두 몇 대인가요?**

식 _____   답 _____

5 상식 퀴즈 대회의 결승전에서 다영이는 **520**점을 얻었고,
동훈이는 **800**점을 얻어서 동훈이가 우승을 하였습니다.
몇 점 차이로 동훈이가 우승을 하였나요?

식 _____   답 _____

6 수연이네 학교 남학생 **135**명, 여학생 **176**명이
피아노 연주회를 관람하였습니다.
피아노 연주회를 **관람한 학생은 모두 몇 명인가요?**

식 _____   답 _____

7 희윤이네 학교 전체 학생은 **531**명입니다.
이 중에서 **384**명이 **바다를 좋아하고** 나머지 학생은 산을 좋아합니다.
산을 좋아하는 학생은 몇 명인가요?

식 _____   답 _____

수학 문해력 기르기

문해력 문제 1

태현이네 학교 학생들이 체험 학습을 가서 딸기를 땄습니다./
지금까지 남학생이 딴 딸기는 384개이고/
여학생이 딴 딸기는 335개입니다./
딸기를 800개 따려면/ 앞으로 몇 개를 더 따야 하는지 구하세요.
└ 구하려는 것

해결 전략

지금까지 딴 딸기의 수를 구하려면

❶ (남학생이 딴 딸기의 수) ◯ (여학생이 딴 딸기의 수)를 구하고,
└ +, −, ×, ÷ 중 알맞은 것 쓰기

앞으로 더 따야 하는 딸기의 수를 구하려면

❷ (따려고 하는 딸기의 수) ◯ (지금까지 딴 딸기의 수)를 구한다.
└ ❶에서 구한 수

문제 풀기

❶ (지금까지 딴 딸기의 수)

$= 384 ◯ 335 = \boxed{}$ (개)

❷ (앞으로 더 따야 하는 딸기의 수)

$= 800 ◯ \boxed{} = \boxed{}$ (개)

답 _____

문해력 레벨업

문제 속에 숨은 뜻을 찾아 문제에 알맞은 식을 세우자.

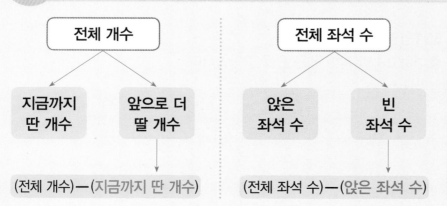

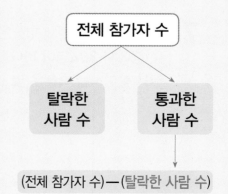

전체 개수	전체 좌석 수	전체 참가자 수
지금까지 딴 개수 / 앞으로 더 딸 개수	앉은 좌석 수 / 빈 좌석 수	탈락한 사람 수 / 통과한 사람 수
(전체 개수)−(지금까지 딴 개수)	(전체 좌석 수)−(앉은 좌석 수)	(전체 참가자 수)−(탈락한 사람 수)

쌍둥이 문제

1-1 혜진이네 학교 3학년 남학생은 206명이고,/ 여학생은 229명입니다./ *좌석이 600*석 있는 학교 강당에/ 3학년 학생들이 모두 앉았습니다./ 빈 좌석은 몇 석인가요?

따라 풀기 ❶

문해력 어휘 📖
좌석: 앉을 수 있게 마련된 자리
석: 좌석을 세는 단위

❷

답 _____

문해력 레벨 1

1-2 가수*오디션에 참가한 사람은 538명입니다./ 그중 269명이 1차 예선에서 탈락하고,/ 2차 예선에서 다시 153명이 탈락하였습니다./ 2차 예선을 통과한 사람은 몇 명인가요?

스스로 풀기 ❶

문해력 어휘 📖
오디션: 가수, 배우, 운동선수 등을 뽑기 위한 실기 시험

❷

답 _____

문해력 레벨 2

1-3 소윤이는 시장에 가서 3500원짜리 국수 한 묶음과/ 1800원짜리 두부 두*모를 사고/ 8000원을 냈습니다./ 받아야 할 거스름돈은 얼마인가요?

스스로 풀기 ❶ 두부 두 모의 값을 구한다.

문해력 어휘 📖
모: 두부를 세는 단위

❷ 국수 한 묶음과 두부 두 모의 값을 구한다.

❸ 거스름돈을 구한다.

답 _____

공부한 날

월

일

1일

11

수학 문해력 기르기

관련 단원 덧셈과 뺄셈

문해력 문제 2

시은이는 가족들과 함께 만화 영화를 보려고 영화관에 갔는데/
관객 수는 다음과 같았습니다./
1관과 2관 중/ 관객이 더 많은 곳은 어느 관인지 구하세요.
└ 구하려는 것

	어른	어린이
1관	428명	160명
2관	373명	224명

해결 전략

관객이 더 많은 곳을 구하려면

❶ ☐ 관의 관객 수를 구하고

☐ 관의 관객 수를 구하여

❷ 1관과 2관의 관객 수를 비교한다.

문제 풀기

❶ (1관의 관객 수)=428+☐=☐(명)

(2관의 관객 수)=373+☐=☐(명)

❷ 1관과 2관의 관객 수 비교하기

1관의 관객 수 ☐ 2관의 관객 수 ☐ 이므로 관객이 더 많은 곳은 ☐관이다.

└→ >, < 중 알맞은 것 쓰기

답 _____

문해력 레벨업

구하려는 것에 따라 기준을 정하여 더해야 하는 수끼리 묶어 보자.

1관과 2관 중 관객이 더 많은 곳을 구하려면

1관과 2관을 기준으로
더해야 하는 수끼리 묶은 후 각각 더한다.

	어른	어린이
1관	428명	160명
2관	373명	224명

어른과 어린이 중 더 많은 쪽을 구하려면

어른과 어린이를 기준으로
더해야 하는 수끼리 묶은 후 각각 더한다.

	어른	어린이
1관	428명	160명
2관	373명	224명

쌍둥이 문제

2-1 어느 생선가게에서 판매한 고등어와 오징어의 수입니다./ 고등어와 오징어 중/ 더 많이 팔린 것은 무엇인가요?

	고등어	오징어
지난주	253마리	234마리
이번 주	272마리	306마리

따라 풀기 ❶

❷

답 _____

문해력 레벨 1

2-2 호수 마을에서 축제를 하는 데/ 음료수 709병과 생수 915병을 준비했습니다./ 그중 음료수 380병과 생수 542병을 마셨습니다./ 음료수와 생수 중/ 어느 것이 더 적게 남았나요?

스스로 풀기 ❶

❷

답 _____

문해력 레벨 2

2-3 예건이는 아이스쇼 공연을 보려고 *예매를 하였습니다./ 1부의 *R석은 320석, S석은 273석이 예매되었고,/ 2부의 R석은 357석, S석은 445석이 예매되었습니다./ R석과 S석 중 어느 것이/ 몇 석 더 많이 예매되었는지 차례로 쓰세요.

스스로 풀기 ❶ 예매된 R석과 S석의 수를 각각 구한다.

문해력 백과 📖

예매: 공연 관람권 등을 미리 사는 것
공연장에서 좌석은 위치에 따라 R석, S석, A석 등으로 나뉜다.

❷ 예매된 R석과 S석의 수를 비교하여 차를 구한다.

답 _____, _____

1일

관련 단원 덧셈과 뺄셈

문해력 문제 3

서후는 삼촌과 제자리멀리뛰기를 한 후/ 세계 기록과 두 사람의 기록을 비교하였습니다./
서후는 삼촌의 기록보다 116 cm 더 적게 뛰었고,/
세계 기록은 삼촌의 기록보다 125 cm 더 멀리 뛰었다고 합니다./
서후는 세계 기록보다 몇 cm 더 적게 뛴 것인지 구하세요.
└ 구하려는 것

해결 전략

┌ 주어진 조건을 그림으로 나타내려면 ┐
❶ 기준이 되는 [   ] 기록을 가운데에 두고 그림을 그린다.

┌ 서후 기록이 세계 기록보다 몇 cm 더 적은지 구하려면 ┐
❷ (서후와 삼촌 기록의 차)＋(삼촌과 세계 기록의 차)를 구한다.

문제 풀기

❶ 주어진 조건을 그림으로 나타내기

[   ] cm   [   ] cm

서후   삼촌   세계
기록   기록   기록

❷ 서후 기록이 세계 기록보다 몇 cm 더 적은지 구하기

서후는 세계 기록보다 [   ]＋[   ]＝[   ] (cm)
더 적게 뛰었다.

답 _____

문해력 레벨업

기준이 되는 조건을 찾아 그림을 그려 보자.

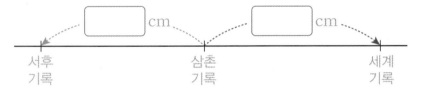

예

언니는 나보다 사탕을 **30**개 더 많이 샀고,
동생은 나보다 사탕을 **50**개 더 적게 샀습니다.

┌ 나를 기준으로 하여 그림으로 나타내기 ┐

┌─ 50개 ─┐┌─ 30개 ─┐
동생   나   언니

➡ 동생은 언니보다 **50＋30＝80**(개) 더 적게 샀다.

산 사탕의 수를 몰라도
동생과 언니가 산
사탕 수의 차를 알 수 있어.

쌍둥이 문제

3-1 전국의 ※국립공원 중 주왕산, 계룡산, 덕유산의 높이를 조사하였습니다./ 주왕산은 계룡산 보다 124 m 더 낮고,/ 덕유산은 계룡산보다 769 m 더 높습니다./ 주왕산은 덕유산보다 몇 m 더 낮은가요?

따라 풀기 ❶

문해력 백과 📖

국립공원: 우리나라를 대표하는 자연·문화 를 보호하기 위해 국가 가 관리하는 보호 지역

❷

답 _____

문해력 레벨 1

3-2 어떤 수는 세 자리 수입니다./ 어떤 수보다 237만큼 더 큰 수를 ㉮라 하고,/ 어떤 수보다 608만큼 더 큰 수를 ㉯라고 할 때/ ㉮는 ㉯보다 얼마만큼 더 작은 수인가요?

스스로 풀기 ❶

❷

답 _____

문해력 레벨 2

3-3 어느 양계장의 지난주 달걀 생산량을 조사하였습니다./ 수요일은 목요일보다 209개 더 적었고,/ 금요일은 목요일보다 136개 더 많았습니다./ 토요일은 금요일보다 117개 더 많았다면/ 토요일은 수요일보다 생산량이 몇 개 더 많았나요?

스스로 풀기 ❶ 주어진 조건을 그림으로 나타낸다.

목요일
생산량

❷ 토요일은 수요일보다 생산량이 몇 개 더 많은지 구한다.

답 _____

공부한 날

월

일

2일

15

수학 문해력 기르기

문해력 문제 4

학생 630명에게/ 전통 놀이를 해 본 경험이 있는지 조사하였더니/
연날리기를 해 본 학생은 416명이고,/ 씨름을 해 본 학생은 339명입니다./
연날리기도 씨름도 해 보지 않은 학생이 한 명도 없을 때,/
두 전통 놀이를 모두 해 본 학생은/ 몇 명인지 구하세요.
└ 구하려는 것

해결 전략

문제에 주어진 조건을 그림으로 나타내면

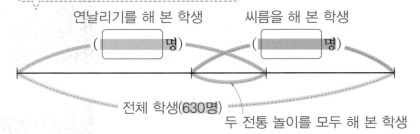

연날리기를 해 본 학생 (☐ 명)   씨름을 해 본 학생 (☐ 명)

전체 학생(630명)   두 전통 놀이를 모두 해 본 학생

두 전통 놀이를 모두 해 본 학생 수를 구하려면

❶ (연날리기를 해 본 학생 수)＋(☐ 을/를 해 본 학생 수)를 구한 후

❷ (❶에서 구한 학생 수)－(전체 학생 수)를 구한다.

문제 풀기

❶ (연날리기를 해 본 학생 수)＋(씨름을 해 본 학생 수)

$= 416 + \boxed{} = \boxed{}$ (명)

❷ (두 전통 놀이를 모두 해 본 학생 수)

$= \boxed{} - 630 = \boxed{}$ (명)   답 _____

문해력 레벨업

양쪽에 모두 포함되는 사람 수를 겹쳐서 하나의 수직선에 나타내자.

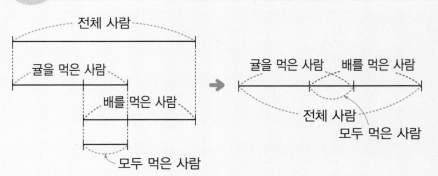

전체 사람
귤을 먹은 사람
배를 먹은 사람
모두 먹은 사람

→ 귤을 먹은 사람   배를 먹은 사람
전체 사람
모두 먹은 사람

(귤과 배를 모두 먹은 사람 수)
＝(귤)＋(배)－(전체 사람 수)

(전체 사람 수)
＝(귤)＋(배)
－(귤과 배를 모두 먹은 사람 수)

쌍둥이 문제

4-1 어느 ※헌혈원에서 헌혈을 한 사람 438명에게 빵을 나누어 주었습니다./ 크림빵을 받은 사람은 250명이고,/ 단팥빵을 받은 사람은 322명입니다./ 크림빵도 단팥빵도 받지 않은 사람이 한 명도 없을 때,/ 두 빵을 모두 받은 사람은 몇 명인가요?

그림 그리기

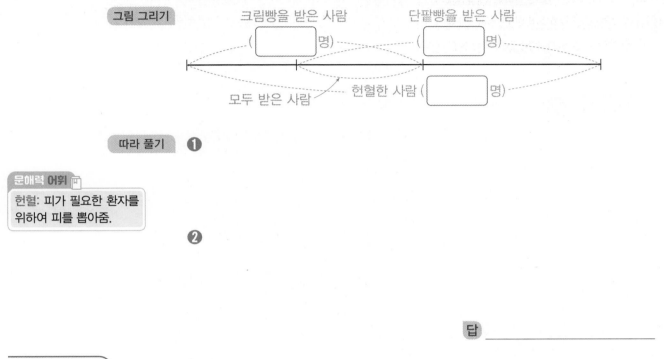

따라 풀기 ❶

문해력 어휘 📖

헌혈: 피가 필요한 환자를 위하여 피를 뽑아줌.

❷

답 _____

문해력 레벨 1

4-2 재희네 학교 학생 중 여름 방학에/ 워터파크를 다녀온 학생은 183명이고,/ 바다를 다녀온 학생은 215명입니다./ 워터파크와 바다를 모두 다녀온 학생은 106명이고,/ 워터파크도 바다도 다녀오지 않은 학생은 한 명도 없다고 합니다./ 재희네 학교 학생은 모두 몇 명인가요?

그림 그리기

스스로 풀기 ❶

❷

답 _____

수학 문해력 기르기

문해력 문제 5

어떤 수에서 236을 빼야 할 것을/
잘못하여 326을 더했더니/ 910이 되었습니다./
바르게 계산하면 얼마인지 구하세요.
└ 구하려는 것

해결 전략

〔잘못 계산한 식을 쓰려면〕
❶ '어떤 수에 326을 더했더니 910이 되었습니다.'를 덧셈식으로 쓰고

〔어떤 수가 얼마인지 구하려면〕
❷ 위 ❶에서 쓴 식을 뺄셈식으로 나타내 구한다.

〔바르게 계산한 값을 구하려면〕
❸ (❷에서 구한 어떤 수)—(원래 빼야 하는 수)를 구한다.

문제 풀기

❶ 잘못 계산한 식을 쓰기

어떤 수를 ●라 하면 잘못 계산한 식은 ●＋□＝910이다.

❷ 어떤 수가 얼마인지 구하기

●＝910－□＝□ ➡ (어떤 수)＝□

❸ (바르게 계산한 값)

＝□－236＝□

답 _____

문해력 레벨업

먼저 잘못 계산한 식을 세워 모르는 수를 구하자.

예 어떤 수에서 **20**을 빼야 할 것을 잘못하여 **30**을 더했더니 **90**이 되었습니다.
   □   ＋30   ＝90

잘못 계산한 식   □＋30＝90

모르는 수 구하기   □＝90－30. □＝60 ➡ 어떤 수는 **60**이다.

쌍둥이 문제

5-1 어떤 수에 174를 더해야 할 것을/ 잘못하여 471을 뺐더니/ 245가 되었습니다./ 바르게 계산하면 얼마인가요?

따라 풀기 **❶**

❷

❸

답 _____

문해력 레벨 1

5-2 소민이는 문구점에 가서 돈을 내고/ 1450원짜리 스티커를 한 장 샀는데/ 문구점 주인이 스티커 값을 1540원으로 잘못 계산해서/ 460원을 거슬러 받았습니다./ 바르게 계산한 다면/ 거스름돈으로 얼마를 받아야 하나요?

스스로 풀기 **❶**

❷

❸

답 _____

문해력 레벨 2

5-3 하윤이가 397에/ 어떤 수 ㉠을 더해야 할 것을/ 계산 과정에서 실수를 하여/ ㉠의 백의 자리 숫자와 일의 자리 숫자를 바꾼 수를 더했더니/ 816이 되었습니다./ 바르게 계산하면 얼마인가요?

스스로 풀기 **❶** 잘못 더한 수를 □라 하여 계산 실수한 것을 식으로 쓴다.

❷ 잘못 더한 수를 구한다.

❸ 더해야 하는 수인 ㉠을 구한다.

❹ 바르게 계산한 값을 구한다.

답 _____

수학 문해력 기르기

관련 단원 덧셈과 뺄셈

문해력 문제6

서현이는 지난달에 인터넷 서점에서/ 전체 784쪽인 학습만화 시리즈를 구매하여/
지난달과 이번 달, 두 달 동안 모두 읽었습니다./
지난달에는 이번 달보다 136쪽 더 많이 읽었다면,/
서현이가 이번 달에 읽은 쪽수는/ 몇 쪽인지 구하세요.
└ 구하려는 것

해결 전략

┌ 지난달에 읽은 쪽수를 식으로 나타내려면 ┐
❶ (이번 달에 읽은 쪽수)＋136으로 쓰고

┌ 이번 달에 읽은 쪽수를 구하려면 ┐
❷ (이번 달에 읽은 쪽수)＋(지난달에 읽은 쪽수)＝ [　　　] 의 식을 세워서
　　　　　　　　　　　　　　└ ❶에서 나타낸 식
구한다.

문제 풀기

❶ 이번 달과 지난달에 읽은 쪽수를 한 가지 기호를 사용하여 각각 나타내기

(이번 달에 읽은 쪽수)＝■쪽이라 하면

(지난달에 읽은 쪽수)＝■＋[　　　](쪽)이다.

> **문해력 핵심**
> 구하려는 것이 이번 달에 읽은 쪽수이므로 이것을 ■쪽으로 나타내 문제를 푸는 것이 간단하다.

❷ 이번 달에 읽은 쪽수 구하기

■＋■＋[　　　]＝784

➡ ■＋■＝[　　　]이므로 ■＝[　　　]

따라서 이번 달에 읽은 쪽수는 [　　　]쪽이다.

답 _____

문해력 레벨업

모르는 수가 두 개일 때에는 차를 이용하여 한 가지 기호로 나타내자.

예 어떤 두 수의 합이 500이고, 차가 300일 때 두 수를 한 가지 기호로 나타내기

방법1 두 수 중 큰 수를 □로 나타내기

차가 300이므로
큰 수를 □라 하면 작은 수는 □－300

방법2 두 수 중 작은 수를 ○로 나타내기

차가 300이므로
작은 수를 ○라 하면 큰 수는 ○＋300

쌍둥이 문제

6-1 음식을 나르는[※]서빙 로봇이 있습니다./ 어느 음식점에서 지난주에/ ㉮ 로봇과 ㉯ 로봇이 음식을 나른 횟수는 모두 535번이고/ ㉮ 로봇이 ㉯ 로봇보다 129번 더 적게 음식을 날랐습니다./ ㉯ 로봇이 음식을 나른 횟수는 몇 번인가요?

따라 풀기 ❶

문해력 백과 📖

서빙 로봇: 위치를 인식하고 장애물을 피해 음식을 나르는 로봇

❷

답 _____

문해력 레벨 1

6-2 은석이가 위인전을 펼쳤을 때/ 나온 두 쪽수의 합은 257이었습니다./ 나온 두 쪽수는 각각 몇 쪽인가요?

스스로 풀기 ❶

두 쪽수는 연속된 수이므로 차가 1이야.

❷

답 _____ , _____

문해력 레벨 2

6-3 예서와 준휘는 저금통에 십 원짜리 동전을 모았습니다./ 두 사람이 모은 십 원짜리 동전이 모두 538개이고/ 예서가 준휘보다 십 원짜리 동전을 118개 더 많이 모았습니다./ 준휘가 모은 돈은 모두 얼마인가요?

스스로 풀기 ❶ 두 사람이 모은 동전의 수를 한 가지 기호를 사용하여 각각 나타낸다.

❷ 준휘가 모은 동전의 수를 구한다.

❸ 준휘가 모은 돈의 금액을 구한다.

답 _____

수학 문해력 기르기

문해력 문제 7

지율이는 하루에 30분씩 게임을 합니다./
지율이가 **기본 점수를 받고** 게임을 시작하여/ **755점을 얻었다가**/
다시 **525점을 잃었더니**/ **지금 350점이 되었습니다.**/
지율이가 게임을 시작할 때 받은 **기본 점수는**/ **몇 점**인지 구하세요.
　　　　　　　　　　　　　　　└ 구하려는 것

해결 전략

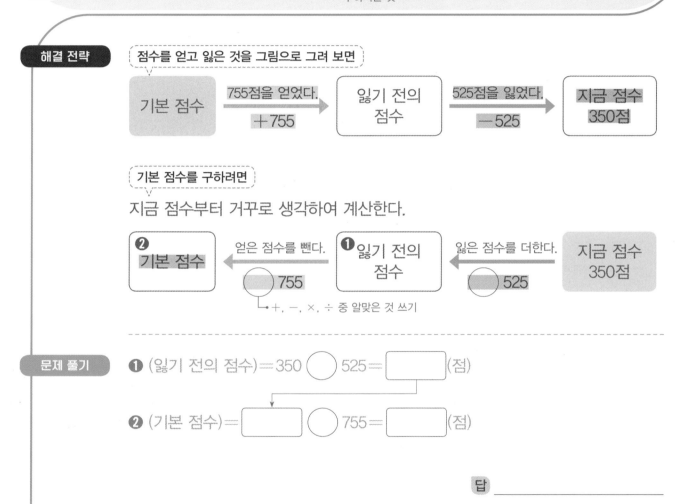

점수를 얻고 잃은 것을 그림으로 그려 보면

기본 점수 → 755점을 얻었다. ＋755 → 잃기 전의 점수 → 525점을 잃었다. －525 → 지금 점수 350점

기본 점수를 구하려면

지금 점수부터 거꾸로 생각하여 계산한다.

❷ 기본 점수 ← 얻은 점수를 뺀다. ◯755 ← ❶ 잃기 전의 점수 ← 잃은 점수를 더한다. ◯525 ← 지금 점수 350점

　└ ＋, －, ×, ÷ 중 알맞은 것 쓰기

문제 풀기

❶ (잃기 전의 점수)＝350 ◯ 525 ＝ ☐ (점)

❷ (기본 점수)＝ ☐ ◯ 755 ＝ ☐ (점)

답 ＿＿＿＿＿＿＿＿＿＿

문해력 레벨업

덧셈 또는 뺄셈 상황을 거꾸로 생각하여 처음 수를 구하자.

예 **얻기 전의 처음 점수 구하기**

덧셈 상황을 거꾸로 생각하여 **뺄셈**을 해야 한다.

점수를 얻었다. ＋
처음 점수 ⟷ 지금 점수
얻은 점수를 뺀다. －

예 **잃기 전의 처음 점수 구하기**

뺄셈 상황을 거꾸로 생각하여 **덧셈**을 해야 한다.

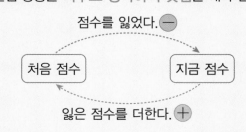

점수를 잃었다. －
처음 점수 ⟷ 지금 점수
잃은 점수를 더한다. ＋

쌍둥이 문제

7-1 지하철에 사람들이 타고 있습니다./ 이번 역에서 294명이 내리고,/ 다시 186명이 탔습니다./ 지금 지하철에 타고 있는 사람이 410명일 때/ 처음 지하철에 타고 있던 사람은/ 몇 명인가요?

따라 풀기 ❶

❷

답 _____

문해력 레벨 1

7-2 맛나 식당에서는 *비법 양념을 만들어 사용합니다./ 양념이 들어 있는 통에 355*그램의 양념을 더 담고,/ 다시 184그램을 만들어 담았더니/ 양념이 모두 746그램이 되었습니다./ 처음 통에 들어 있던 양념은 몇 그램인가요?

스스로 풀기 ❶

문해력 어휘 📖

비법: 공개하지 않고
비밀리에 하는 방법
그램: 무게의 단위

❷

답 _____

문해력 레벨 2

7-3 하린이는 용돈 기입장을 작성합니다./ 4월 1일에 용돈 5500원을 받았고,/ 3일에 젤리를 사 먹는 데 1700원을 썼습니다./ 다시 7일에 2500원을 내고 팽이를 샀더니/ 4450원이 남았습니다./ 하린이가 4월 1일에 용돈을 받기 전/ 가지고 있던 돈은 얼마인가요?

날짜	내용	들어온 돈	나간 돈	남은 돈
4월 1일	용돈을 받음.	5500원	·	▨▨▨원
4월 3일	젤리를 사 먹음.	·	1700원	▨▨▨원
4월 7일	팽이를 삼.	·	2500원	4450원

스스로 풀기 ❶ 팽이를 사기 전에 남은 돈을 구한다.

❷ 젤리를 사 먹기 전에 남은 돈을 구한다.

❸ 4월 1일에 용돈을 받기 전 가지고 있던 돈을 구한다.

답 _____

관련 단원 덧셈과 뺄셈

문해력 문제 8

산딸기를 윤재가 318개,/ 이서가 202개 땄습니다./
윤재가 이서에게 몇 개를 주면/ → 구하려는 것
두 사람이 가지는 산딸기의 수가 같아지는지 구하세요.

해결 전략

전체 산딸기의 수를 구하려면

❶ (윤재가 딴 산딸기의 수)＋([   ] 가 딴 산딸기의 수)를 구한다.

산딸기를 주고 나서 두 사람의 산딸기의 수가 같아져야 하니까

❷ 윤재가 가지는 산딸기가 ●개이면 이서가 가지는 산딸기도 ●개이다.

윤재가 이서에게 주는 산딸기의 수를 구하려면

❸ (윤재가 딴 산딸기의 수)－(윤재가 가지는 산딸기의 수)를 구한다.

문제 풀기

❶ (전체 산딸기의 수)＝318＋ [   ] ＝ [   ] (개)

❷ 윤재가 가지는 산딸기의 수 구하기

산딸기를 주고 나서 윤재와 이서의 산딸기의 수를 각각 ●개라 하면

●＋●＝ [   ] 이므로 윤재의 산딸기는 [   ] 개가 된다.

❸ (윤재가 이서에게 주는 산딸기의 수)

＝318－ [   ] ＝ [   ] (개)

답 _____

문해력 레벨업

두 사람이 주고 받더라도 전체 개수는 변하지 않는다.

⬤ 사탕을 지우는 **45**개, 시아는 **15**개 샀는데 지우가 시아에게 사탕을 몇 개 주었습니다.

① 지우와 시아의 사탕 수가 같아진 경우	② 시아의 사탕 수가 지우의 **2배**가 된 경우

① 지우와 시아의 사탕 수가 같아진 경우

지우 45개　　　　시아 15개

45＋15＝60(개)
↓
지우가 시아에게 준 사탕

○　　　　○

② 시아의 사탕 수가 지우의 **2배**가 된 경우

지우 45개　　　　시아 15개

45＋15＝60(개)
↓
지우가 시아에게 준 사탕

□　　□＋□

• 정답과 해설 **5쪽**
🎓 복습책 8쪽에 유사, 심화문제 제공

쌍둥이 문제

8-1 김밥이 노란 통에 214줄,/ 파란 통에 188줄 들어 있습니다./ 두 통에 들어 있는 김밥의 수가 같아지려면/ 노란 통에 있는 김밥 몇 줄을/ 파란 통으로 옮겨야 하는지 구하세요.

따라 풀기 ❶

❷

❸

답 _____

문해력 레벨 1

8-2 하은이네※염전에서 생산한 소금을/ 가 창고에 488자루,/ 나 창고에 445자루 쌓아 놓았습니다./ 창고 가에서 나로 소금 몇 자루를 옮기면/ 나 창고의 소금 양이/ 가 창고의 소금 양의 2배가 되는지 구하세요.

스스로 풀기 ❶

문해력 어휘 📖
염전: 소금을 만들기 위해 바닷물을 끌어 들여 논처럼 만든 곳

❷

❸

답 _____

수학 문해력 완성하기

기출 1 그림에서 세 원을 각각 가, 나, 다라고 할 때/ 한 원 안에 있는 네 수의 합은/ 모두 같습니다. ⓒ에 알맞은 수를 구하세요.

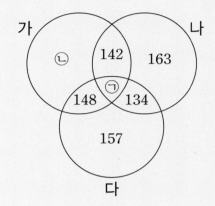

해결 전략

ⓒ의 값을 구하려면 ⓒ이 있는 가 원과 다른 한 원을 골라
'고른 두 원 안에 있는 네 수의 합이 서로 같다'를 식으로 나타낸 후 계산한다.

※18년 상반기 21번 기출 유형

문제 풀기

❶ '가 원과 나 원 안에 있는 네 수의 합이 서로 같다.'를 식으로 나타내기

(가 원 안에 있는 네 수의 합)=(나 원 안에 있는 네 수의 합)

➜ ⓒ+142+ [   ] +㉠=142+163+ [   ] + [   ]

❷ 위 ❶의 식에서 ⓒ의 값 구하기

_____

_____

_____

식에서 '='를 기준으로
양쪽에 있는 같은 수는
지워서 간단히 나타내 구해.
예 ㉮+3+ⓒ=4+㉮+5
➜ 3+ⓒ=4+5

답 _____

관련 단원 덧셈과 뺄셈

기출 2

0부터 9까지 서로 다른 수가 적힌/ 6장의 카드가 있습니다./ 이 중 3장을 골라 한 번씩만 사용하여/ 세 자리 수를 만들려고 합니다./ 만들 수 있는 가장 큰 세 자리 수와/ 가장 작은 세 자리 수의/ 차가 882일 때/ ㉠이 될 수 있는 수 중 가장 큰 수를 구하세요.

| 9 | 0 | 8 | ㉠ | 5 | 1 |

해결 전략

예 1부터 9까지 서로 다른 수가 적힌 카드 6장이 있을 때 ㉠의 수의 범위 구하기

| 1 | 2 | 5 | 6 | 9 | ㉠ |

㉠은 1, 2, 5, 6, 9가 될 수 없으므로
㉠의 수의 범위는 **2** < ㉠ < **5**, **6** < ㉠ < **9**가 될 수 있다.

※21년 상반기 20번 기출 유형

문제 풀기

❶ ㉠이 될 수 있는 수의 범위 구하기

㉠은 0, 1, 5, 8, 9가 될 수 없으므로 ㉠의 수의 범위는

1 < ㉠ < ☐ , 5 < ㉠ < ☐ 이 될 수 있다.

❷ 만들 수 있는 가장 큰 세 자리 수에서 가장 작은 세 자리 수를 빼는 식을 세워 ㉠의 값 구하기

• 1 < ㉠ < 5일 때: 985 − 10㉠ = 882이므로 ㉠ = ☐

• 5 < ㉠ < 8일 때: ☐ − ☐ = 882이므로 ㉠ = ☐

❸ ㉠이 될 수 있는 수 중 가장 큰 수 구하기

답 _____

5일

수학 문해력 완성하기

관련 단원 덧셈과 뺄셈

창의 3

현이가 즐겨 하는 게임의 캐릭터인/ 전사, 마법사, 궁수의 능력치를 나타낸 것입니다./ 방어 능력이 가장 높은 캐릭터와/ 지혜 능력이 가장 낮은 캐릭터의/ 마법 능력의 차는 몇 점인지 구하세요.

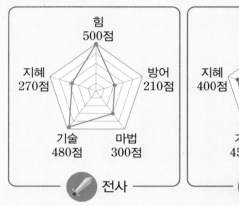

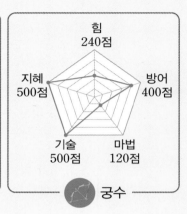

해결 전략

방어 능력이 가장 높다. (=) 방어 능력의 점의 위치가 가장 바깥쪽에 있다.

지혜 능력이 가장 낮다. (=) 지혜 능력의 점의 위치가 가장 안쪽에 있다.

문제 풀기

❶ 방어 능력이 가장 높은 캐릭터를 찾아 그 캐릭터의 마법 능력 구하기

방어 능력이 가장 높은 캐릭터는 [   ]이고 마법 능력은 [   ]점이다.

❷ 지혜 능력이 가장 낮은 캐릭터를 찾아 그 캐릭터의 마법 능력 구하기

지혜 능력이 가장 낮은 캐릭터는 [   ]이고 마법 능력은 [   ]점이다.

❸ 위 ❶과 ❷에서 구한 마법 능력의 차 구하기

답 _____

관련 단원 덧셈과 뺄셈

융합 4

다음은 운동별로/ 30분 동안 소모되는 ※열량을 나타낸 것입니다./ 로운이의 삼촌이/ 다음에서 두 가지 운동을 골라 30분씩 했더니/ 546 ※킬로칼로리가 소모되었습니다./ 로운이의 삼촌이 한 운동은/ 무엇과 무엇인지 구하세요.

탁구: 157
걷기: 198
자전거: 223
수영: 289
달리기: 348

단위: 킬로칼로리

📖 **문해력 백과**

열량: 식품을 먹었을 때 몸속에서 발생되는 에너지의 양
킬로칼로리: 열량의 단위

해결 전략

열량의 합이 54**6**킬로칼로리인 두 운동을 찾아야 하므로
열량의 일의 자리끼리만 더해서 일의 자리 숫자가 6이 되는 경우를 찾아 확인한다.

문제 풀기

❶ 열량의 일의 자리끼리만 더해서 일의 자리 숫자가 6이 되는 경우를 모두 찾기

탁구(157킬로칼로리)와 수영([　　　] 킬로칼로리),

걷기([　　　] 킬로칼로리)와 [　　　] ([　　　] 킬로칼로리)

❷ 위 ❶에서 찾은 각각의 경우의 열량의 합을 구하여 로운이의 삼촌이 한 운동 구하기

(탁구와 수영의 열량의 합)=

(걷기와 [　　　] 의 열량의 합)=

➡ 로운이의 삼촌이 한 운동은 [　　　] 와/과 [　　　] 이다.

답 _____ 와/과 _____

수학 문해력 평가하기

문제를 읽고 조건을 표시하면서 풀어 봅니다.

10쪽 문해력 1

1 서후는 월드 타워 계단 오르기 대회에 참가했습니다. 245개의 계단을 오르고 잠시 쉬었다가 336개의 계단을 더 올랐습니다. 총 777개의 계단을 올라야 한다면 앞으로 몇 개의 계단을 더 올라야 하는지 구하세요.

풀이

답 _____

12쪽 문해력 2

2 여름 방학 캠프에 참가한 학생들이 분홍색과 초록색 티셔츠를 다음과 같이 입고 있습니다. 분홍색과 초록색 중 어떤 색 티셔츠를 입은 학생이 더 많은가요?

	분홍색 티셔츠	초록색 티셔츠
남학생	247명	526명
여학생	495명	256명

풀이

답 _____

14쪽 문해력 3

3 야구장에 입장한 관객 수를 조사하였습니다. 그저께는 어제보다 234명 더 적었고, 오늘은 어제보다 551명 더 많았습니다. 오늘은 그저께보다 관객 수가 몇 명 더 많은가요?

> 풀이

답 _____

18쪽 문해력 5

4 어떤 수에서 715를 빼야 할 것을 잘못하여 175를 더했더니 992가 되었습니다. 바르게 계산하면 얼마인가요?

> 풀이

답 _____

22쪽 문해력 7

5 은서네 학교에서는 학생별로 칭찬 통장을 만들어 칭찬 점수를 쌓고 있습니다. 은서는 이번 달에 칭찬 점수를 450점 얻은 후, 185점으로 음료수를 바꾸어 먹었더니 지금 517점이 되었습니다. 은서가 지난달까지 칭찬 통장에 쌓은 칭찬 점수는 몇 점인가요?

> 풀이

답 _____

공부한 날
월
일

16쪽 문해력 4

6 진하네 학교 3학년 학생 248명에게 먹어 본 생선을 조사하였습니다. 갈치를 먹어 본 학생은 196명이고, 고등어를 먹어 본 학생은 184명입니다. 갈치도 고등어도 먹어 보지 않은 학생이 한 명도 없을 때, 갈치와 고등어를 모두 먹어 본 학생은 몇 명인가요?

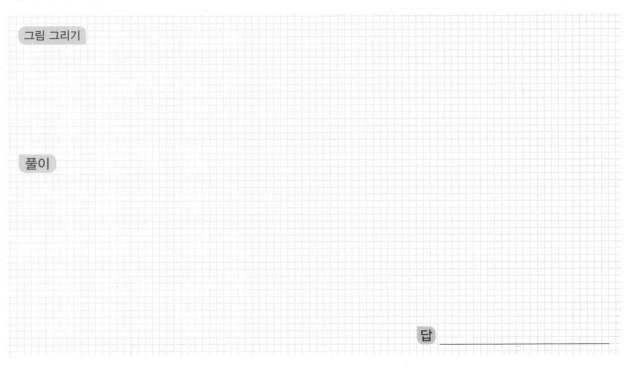

그림 그리기

풀이

답 _____

20쪽 문해력 6

7 시영이는 어버이날에 엄마와 아빠에게 드릴 선물을 포장하는 데 끈을 모두 524 cm 사용했습니다. 엄마 선물은 아빠 선물보다 끈을 106 cm 더 많이 사용하여 포장했습니다. 시영이가 아빠 선물을 포장하는 데 사용한 끈은 몇 cm 인가요?

풀이

답 _____

12쪽 문해력 2

8 어느 식품 공장에서 무 611개와 양파 490개를 사서 그중 무 346개와 양파 217개를 사용하였습니다. 무와 양파 중 남은 개수가 더 적은 것은 무엇인가요?

풀이

답 _____

18쪽 문해력 5

9 지원이는 편의점에 가서 돈을 내고 2250원짜리 아이스크림 한 개를 샀는데 편의점 직원이 아이스크림 값을 3150원으로 잘못 계산해서 1850원을 거슬러 받았습니다. 바르게 계산한다면 거스름돈으로 얼마를 받아야 하나요?

풀이

답 _____

24쪽 문해력 8

10 유민이네 학교 학생들이 축구 경기를 보면서 응원을 하려고 합니다. 노란색 상자에 응원 도구가 192개, 보라색 상자에 응원 도구가 416개 들어 있습니다. 보라색 상자에서 노란색 상자로 응원 도구 몇 개를 옮기면 두 상자에 들어 있는 응원 도구의 수가 같아지는지 구하세요.

풀이

답 _____

나눗셈 / 분수와 소수

우리는 생활 속에서 똑같이 나누는 상황을 흔하게 경험하고
자연수 1, 2, 3, ...과는 다른 분수, 소수도 자주 접하게 되지요.
이러한 나눗셈, 분수, 소수를 이용한 문장제를 차근차근 읽어 가며
문제를 이해하고 해결해 봐요.

이번 주에 나오는 어휘 & 지식백과

45쪽 **구간** (區 구분할 **구**, 間 사이 **간**)
어떤 지점과 다른 지점과의 사이

46쪽 **사육사** (飼 기를 **사**, 育 기를 **육**, 士 선비 **사**)
동물을 기르거나 훈련하는 일을 직업으로 하는 사람

47쪽 **방충제** (防 막을 **방**, 蟲 벌레 **충**, 劑 약제 **제**)
벌레가 해를 끼치지 못하게 막는 약

53쪽 **마라톤** (marathon)
육상 경기에서 42.195 km를 달리는 장거리 경주 종목으로 기원전 490년 아테네의
용사가 전쟁터인 마라톤에서 아테네까지 달려와 싸움에서 이긴 소식을 전하고 죽었
다는 데서 유래한다.

55쪽 **로봇 청소기** (robot + 淸 맑을 **청**, 掃 쓸 **소**, 機 틀 **기**)
스스로 움직이면서 청소를 하는 로봇

59쪽 **구장산술** (九 아홉 **구**, 章 글 **장**, 算 셈 **산**, 術 재주 **술**)
중국의 수학 고전으로 9장에 걸쳐 246문제로 되어 있다. 관리들이 실무적인 일을 처
리하면서 부딪히는 여러 가지 문제들을 포함하여 수학 지식을 정리한 책이다.

○ 기초 문제가 어떻게 문장제가 되는지 알아봅니다.

1 12÷2= ☐ ≫

생수병 **12**개를 상자 **2**개에 똑같이 나누어 담으려고 합니다.
상자 한 개에 생수병을 몇 개씩 담을 수 있나요?

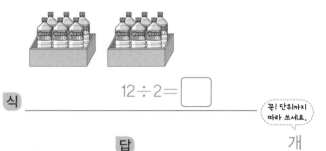

식 _____ 12÷2= ☐ _____

꼭! 단위까지
따라 쓰세요.

답 _____ 개

2 15÷5= ☐ ≫

참외 **15**개를 봉지 한 개에 **5**개씩 담았습니다.
참외를 담은 **봉지**는 **몇** 개가 되나요?

식 _____

답 _____ 개

3 20÷4= ☐ ≫

씨름 선수 **20**명이 **4**팀으로 똑같이 나누어 시합을 하려고 합니다.
한 팀에 선수는 몇 명씩 되나요?

식 _____

답 _____ 명

4 전체의 $\frac{1}{4}$만큼 색칠하기 »

준호가 호떡을 똑같이 **4조각**으로 나누어

전체의 $\frac{1}{4}$만큼 먹으려고 합니다.

준호는 호떡을 **몇 조각 먹어야** 하나요?

꼭! 단위까지
따라 쓰세요.

답 _____ 조각

5 더 큰 수에 ○표 하기 »

$\frac{3}{6}$ $\frac{4}{6}$

공원 둘레를 따라 걷는 데 진서는 **전체의** $\frac{3}{6}$만큼,

은수는 **전체의** $\frac{4}{6}$만큼을 걸었습니다.

진서와 은수 중 **누가 더 많이** 걸었나요?

답 _____

6 더 작은 수에 △표 하기 »

0.9   0.5

선물을 포장하는 데 리본을 수영이는 **0.9 m** 사용했고,

재훈이는 **0.5 m** 사용했습니다.

수영이와 재훈이 중 **누가 리본을 더 적게** 사용했나요?

답 _____

◐ 간단한 문장제를 풀어 봅니다.

1 단추가 **30개** 있습니다.
티셔츠 하나에 단추를 **6개씩** 단다면
단추를 달 수 있는 티셔츠는 몇 개인가요?

식 _____ 답 _____

2 옥수수가 **56개** 있습니다.
당나귀에게 옥수수를 하루에 **7개씩** 주려고 합니다.
옥수수를 며칠 동안 줄 수 있나요?

식 _____ 답 _____

3 와플 가게에서 구운 와플 **18개**를
봉지 한 개에 **3개씩** 담으려고 합니다.
봉지 몇 개에 담을 수 있나요?

식 _____ 답 _____

4 아버지께서 아이스크림 케이크를 사 오셨습니다.
전체를 똑같이 **8조각**으로 나누어 가족들과 함께 **5조각**을 먹었습니다.
먹은 케이크는 전체의 얼마만큼인지 분수로 나타내 보세요.

답 _____

5 지윤이가 가족과 함께 딴 상추를 똑같이 **6바구니**에 나누어 담아서
전체의 $\frac{2}{6}$만큼을 친구에게 주었습니다. 친구에게 준 상추는 몇 바구니인가요?

답 _____

6 지원이네 집에서 병원까지의 거리는 $\frac{7}{10}$ km이고, 우체국까지의 거리는 $\frac{9}{10}$ km입니다.
병원과 우체국 중 지원이네 집에서 더 가까운 곳은 어디인가요?

답 _____

7 보람이네 집에서는 반려동물을 키웁니다.
고양이의 무게는 **1.6킬로그램**이고, 강아지의 무게는 **2.4킬로그램**입니다.
고양이와 강아지 중 더 무거운 반려동물은 무엇인가요?

문해력 백과 📖
킬로그램: 무게의 단위

답 _____

출처: ⓒLubenica/shutterstock

수학 문해력 기르기

문해력 문제 1

지윤이네 반 체육 수업 시간에 선생님께서/
한 상자에 9개씩 들어 있는/[※]제기 4상자를 준비하여/
6모둠에게 똑같이 나누어 주었습니다./
한 모둠이 받은 제기는 몇 개인지 구하세요.
└▸구하려는 것

해결 전략

전체 제기의 수를 구하려면

❶ (한 상자에 든 제기의 수) ◯ (상자의 수)를 구하고,
•┈ +, −, ×, ÷ 중 알맞은 것 쓰기

한 모둠이 받은 제기의 수를 구하려면

❷ (전체 제기의 수) ◯ (모둠의 수)를 구한다.
└▸❶에서 구한 수

📖 **문해력 백과**

제기는 발로 차고 노는 장난감으로 발로 받아 땅에 떨어뜨리지 않고 많이 차는 사람이 이긴다.

문제 풀기

❶ (전체 제기의 수)

$=9\ \bigcirc\ 4=\boxed{}$(개)

❷ (한 모둠이 받은 제기의 수)

$=\boxed{}\div6=\boxed{}$(개)

답 _____

문해력 레벨업

똑같이 나눈 몫을 구하려면 나누어지는 수와 나누는 수를 찾자.

구하려는 것: 똑같이 나눈 몫	❶ 나누어지는 수 구하기	❷ 나누는 수 찾아 나누기
한 모둠이 받은 제기 수를 구하려면	전체 제기의 수를 구해서	모둠의 수로 나눈다.

주어진 조건을 이용하여 알맞은 식을 세워 구한다.

쌍둥이 문제

1-1 서훈이네 학교 3학년 학생들이 딱지치기 시합을 하려고 합니다./ 1반부터 6반까지/ 한 반에 4명씩 선수를 뽑은 다음/ 똑같이 8팀으로 나누어 시합을 했습니다./ 한 팀의 선수는 몇 명인가요?

따라 풀기 ❶

❷

답 _____

문해력 레벨 1

1-2 지우는 학습 만화를 읽고 있습니다./ 전체 80쪽 중에서/ 오늘까지 24쪽을 읽고/ 나머지는 일주일 동안/ 매일 똑같이 나누어 읽으려고 합니다./ 하루에 몇 쪽씩 읽어야 하나요?

스스로 풀기 ❶

❷

답 _____

문해력 레벨 2

1-3 하은이는 시장에 가서/ 한 봉지에 4개씩 들어 있는/ 꽈배기 8봉지를 샀습니다./ 집으로 돌아가는 길에 친구를 만나 2개를 주고/ 남은 꽈배기를 가족 5명이 똑같이 나누어 먹었습니다./ 가족 한 명이 먹은 꽈배기는 몇 개인가요?

스스로 풀기 ❶ 산 꽈배기의 수를 구한다.

❷ 친구에게 주고 남은 꽈배기의 수를 구한다.

❸ 가족 한 명이 먹은 꽈배기의 수를 구한다.

답 _____

문해력 문제 2

서아네 반은 남학생이 16명,/ 여학생이 15명입니다./
단체 줄넘기를 하기 위해/ 남학생은 4명씩 한 모둠으로 나누고/
여학생은 5명씩 한 모둠으로 나누면/
모두 몇 모둠이 되는지 구하세요.
└• 구하려는 것

해결 전략

┌ 남학생 모둠의 수를 구하려면 ┐
❶ (전체 남학생 수)÷(한 모둠의 [ ]학생 수)를 구하고,

┌ 여학생 모둠의 수를 구하려면 ┐
(전체 여학생 수)÷(한 모둠의 [ ]학생 수)를 구한다.

┌ 전체 모둠의 수를 구하려면 ┐
❷ (남학생 모둠의 수) ◯ (여학생 모둠의 수)를 구한다.
•+, −, ×, ÷ 중 알맞은 것 쓰기

문제 풀기

❶ (남학생 모둠의 수)=16÷4=[ ](모둠)

(여학생 모둠의 수)=15÷[ ]=[ ](모둠)

❷ (전체 모둠의 수)

=[ ]+[ ]=[ ](모둠)

답 _____

문해력 레벨업

문제에서 나누어지는 수와 나누는 수의 짝을 지어 각각 나눗셈식을 세우자.

예 **남학생 모둠의 수와 여학생 모둠의 수 구하기**

남학생 **10명** 과 여학생 **12명** 이 있습니다.
남학생은 **2명씩 한 모둠** , 여학생은 **3명씩 한 모둠** 으로 나누려고 합니다.

(남학생 모둠의 수)
=10÷2

(여학생 모둠의 수)
=12÷3

쌍둥이 문제

2-1 자전거 대여소에 세워진/ 전체 자전거의 바퀴 수를 세어 보니/ 두발자전거의 바퀴가 18개,/ 세발자전거의 바퀴가 12개였습니다./ 자전거 대여소에 세워진 자전거는 모두 몇 대인가요?

따라 풀기 ❶

❷

답 _____

문해력 레벨 1

2-2 지호네 목장에서 키우는/ 젖소와 양의 다리 수를 세어 보니/ 젖소의 다리는 24개,/ 양의 다리는 32개였습니다./ 젖소와 양 중 어느 것이/ 몇 마리 더 많은지 차례로 쓰세요.

스스로 풀기 ❶

❷

답 _____ , _____

문해력 레벨 2

2-3 시우네 학교 3학년 학생 42명과/ 4학년 학생 몇 명이 직업 체험관에 갔습니다./ 한 모둠을 3학년 학생 6명과/ 4학년 학생 2명으로 하여/ 남는 사람 없이 여러 모둠을 만들어 직업 체험을 하였습니다./ 직업 체험관에 간 학생은 모두 몇 명인가요?

한 모둠
→ 3학년 6명
4학년 2명 ←

스스로 풀기 ❶ 3학년 학생 수를 이용하여 모둠의 수를 구한다.

❷ (한 모둠의 4학년 학생 수)×(모둠의 수)로 4학년 학생 수를 구한다.

❸ 직업 체험관에 간 전체 학생 수를 구한다.

답 _____

수학 문해력 기르기

문해력 문제 3

송편은 한국의 전통 떡의 한 종류로/ 추석을 대표하는 전통음식입니다./
시은이가 쉬지 않고/ 송편 6개를※빚는 데/ 12분이 걸렸습니다./
시은이가 송편 한 개를 빚는 시간이 똑같다면/
송편 5개를 빚는 데/ 몇 분이 걸렸는지 구하세요.
└ 구하려는 것

해결 전략

┌ 송편 1개를 빚는 시간을 구하려면 ┐
❶ (전체 걸린 시간) ◯ (빚은 송편의 수)를 구하고,
└ +, −, ×, ÷ 중 알맞은 것 쓰기

┌ 송편 5개를 빚는 데 걸린 시간을 구하려면 ┐
❷ (송편 ☐ 개를 빚는 시간) × 5를 구한다.
└ ❶에서 구한 시간

📖 문해력 어휘
빚다: 가루를 반죽하여
송편, 만두 등을 만들다.

문제 풀기

❶ (송편 1개를 빚는 시간)
  = 12 ◯ 6 = ☐ (분)

❷ (송편 5개를 빚는 데 걸린 시간)
  = ☐ × 5 = ☐ (분)

답

문해력 레벨업

5는 1의 5배이므로 5개를 만드는 시간은 1개를 만드는 시간의 5배이다.

| 5개를 만드는 데 걸리는 시간을 구하려면 | ❶ 1개를 만드는 시간을 구해서 | ❷ 5를 곱한다. |

┌ 주어진 조건을 이용하여
  나눗셈식을 세워 구한다. ┘

쌍둥이 문제

3-1 어느 카페에서 기계가 음료 4잔을 만드는 데/ 16분이 걸립니다./ 음료 한 잔을 만드는 시간이 일정하다면/ 이 기계가 쉬지 않고/ 음료 9잔을 만드는 데/ 몇 분이 걸리나요?/
(단, 기계는 음료를 한 번에 1잔씩 만들 수 있습니다.)

따라 풀기 **①**

②

답 _____

문해력 레벨 1

3-2 어떤 놀이기구는 한 번에 4명씩 타고,/ 한 번 타는 데 6분이 걸립니다./ 윤수네 반 학생 32명 모두가/ 이 놀이기구를 한 번씩 타려면 몇 분이 걸리나요?/ (단, 놀이기구가 멈추는 시간은 생각하지 않습니다.)

스스로 풀기 **①**

②

답 _____

문해력 레벨 2

3-3 수도권 지하철 1호선 노선도의 일부분입니다./ 대방역에서 시청역까지 가는 데/ 15분이 걸리고,/ 역과 역 사이 한*구간을 가는 데 걸리는 시간이/ 모두 똑같다고 할 때,/ 용산역에서 동대문역까지 가는 데/ 몇 분이 걸리나요?/ (단, 지하철이 역에 멈춰 있는 시간은 생각하지 않습니다.)

스스로 풀기 **①** 대방역에서 시청역 사이 구간의 수를 세어 한 구간을 가는 데 걸리는 시간을 구한다.

문해력 어휘 📖

구간: 어떤 지점과 다른 지점과의 사이

② 용산역에서 동대문역 사이 구간의 수를 세어 가는 데 걸리는 시간을 구한다.

답 _____

수학 문해력 기르기

문해력 문제 4

※사육사가 동물원에 있는 원숭이 몇 마리에게/ 바나나를 나누어 주려고 합니다./
한 마리당 바나나를 3개씩 주면 딱 맞고,/
바나나를 5개씩 주려면/ 10개가 부족하다고 합니다./
동물원에 있는 원숭이는 몇 마리인지 구하세요.
└─ 구하려는 것

해결 전략

❶ 원숭이의 수를 ◯마리라 하여 그림을 그린다.

전체 바나나

나누어 줄 바나나: 3×◯   부족한 바나나

나누어 줄 바나나: 5×◯

📖 **문해력 어휘**

사육사: 동물을 기르거나 훈련하는 일을 직업으로 하는 사람

┌─ 그림을 이용하여 원숭이의 수를 구하려면 ─┐

❷ 3×◯와 [ ]×◯의 차가 **부족한 바나나의 수**임을 이용하여 식을 세운다.

문제 풀기

❶ 원숭이의 수를 ◯마리라 하면

전체 바나나

[ ]×◯   [ ] 개

5×◯

❷ 그림을 이용하여 원숭이의 수 구하기

3×◯와 5×◯의 차는 10이므로 2×◯=[ ]이다.

➡ ◯=[ ]÷2=[ ]이므로 원숭이는 [ ]마리이다.

답 _____

문해력 레벨업

문장 속에 숨어 있는 뜻을 이해하여 '많다', '같다', '적다'로 바꾸어 생각하자.

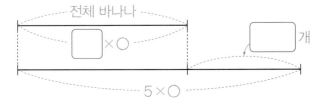

예 바나나를 2개씩 주면 **5개가 남는다.** ➡ 전체 바나나의 수는 필요한 바나나보다 **5개 더 많다.**

바나나를 3개씩 주면 **딱 맞다.** ➡ 전체 바나나의 수는 필요한 바나나 수와 **같다.**

바나나를 5개씩 주려면 **10개가 부족하다.** ➡ 전체 바나나의 수는 필요한 바나나보다 **10개 더 적다.**

4-1 어머니가[※]방충제를 옷장 몇 개에/ 나누어 놓으려고 합니다./ 옷장 한 개당 방충제를 4개씩 놓으면 딱 맞고,/ 방충제를 6개씩 놓으려면/ 14개가 부족하다고 합니다./ 옷장은 몇 개인가요?

따라 풀기 ❶ 옷장의 수를 ☐개라 하면

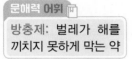
문해력 어휘 📖
방충제: 벌레가 해를
끼치지 못하게 막는 약

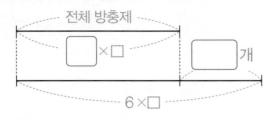

❷

답 _____

4-2 진서와 친구들이 방울토마토[※]모종을/ 나누어 심으려고 합니다./ 모종을 한 명이 11개씩 심으면 딱 맞고,/ 한 명이 8개씩 심으면/ 12개가 남는다고 합니다./ 모종을 심는 사람은 몇 명인가요?

스스로 풀기 ❶ 심는 사람 수를 ☐명이라 하면

문해력 어휘 📖
모종: 옮겨 심으려고
가꾼 어린 식물

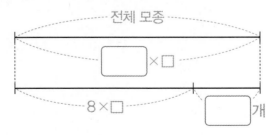

❷

답 _____

수학 문해력 기르기

문해력 문제 5

새롬 초등학교 전교 회장 선거에서/

윤서는 전체 표의 $\frac{4}{8}$를 얻고,/ 서후는 전체 표의 $\frac{3}{8}$을 얻었습니다./

나머지 표를 예나가 얻었을 때/

윤서, 서후, 예나 중/ 누가 표를 가장 많이 얻었는지 구하세요.

└ 구하려는 것

해결 전략

[예나가 얻은 표가 얼마만큼인지 알려면]

❶ 전체 표를 **똑같이 8로 나눈 것** 중의 몇인지 구하여

$\dfrac{(예나가\ 얻은\ 부분\ 수)}{\boxed{}}$ 로 나타낸다.

[표를 가장 많이 얻은 사람을 구하려면]

┌ 알맞은 말에 ○표 하기

❷ $\frac{4}{8}$, $\frac{3}{8}$, ❶에서 구한 분수 중 가장 (큰 , 작은) 수를 찾는다.

문제 풀기

❶ 예나가 얻은 표: 전체 표를 똑같이 8로 나눈 것 중의 $8-4-\boxed{}=\boxed{}$

➡ 전체 표의 $\dfrac{\boxed{}}{8}$

❷ $\frac{4}{8}$, $\frac{3}{8}$, $\dfrac{\boxed{}}{8}$ 중 가장 큰 분수는 $\dfrac{\boxed{}}{8}$ 이므로

표를 가장 많이 얻은 사람은 $\boxed{}$ 이다.

답 _____

문해력 레벨업

분수로 나타내려면 전체를 똑같이 나눈 것 중의 몇인지 구하자.

예 예나가 얻은 표가 전체 표의 얼마인지 분수로 나타내기

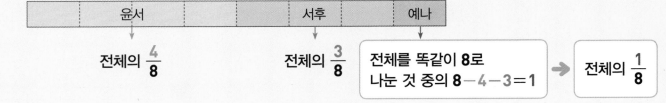

쌍둥이 문제

5-1 준웅이네 밭 전체의 $\dfrac{4}{12}$에는 상추를 심고,/ 전체의 $\dfrac{3}{12}$에는 오이를 심었습니다./ 또, 상추와 오이를 심고 남은 부분에/ 모두 호박을 심었습니다./ 상추, 오이, 호박 중/ 어느 것을 심은 부분이 가장 넓은지 구하세요.

> **따라 풀기** ❶
>
> ❷

답 _____

문해력 레벨 1

5-2 지원이가 사 온 양초에 불을 붙였더니/ 오전에 처음 양초의 $\dfrac{4}{10}$만큼 타고,/ 오후에 처음 양초의 $\dfrac{5}{10}$만큼 탔습니다./ 타서 없어진 양초는/ 남은 양초의 몇 배인가요?

> **스스로 풀기** ❶ 타서 없어진 양초와 남은 양초는 각각 얼마만큼인지 분수로 나타낸다.
>
> ❷ 타서 없어진 양초는 남은 양초의 몇 배인지 구한다.

답 _____

문해력 레벨 2

5-3 시영이의 생일에 케이크 한 개를/ 똑같이 9조각으로 나누어/ 시영이가 전체의 $\dfrac{2}{9}$를 먹고/ 채아가 3조각을 먹었습니다./ 남은 케이크를 모두 민재가 먹었다면/ 시영, 채아, 민재 중/ 누가 케이크를 가장 적게 먹었는지 구하세요.

> **스스로 풀기** ❶ 채아와 민재가 먹은 케이크는 각각 얼마만큼인지 분수로 나타낸다.
>
> ❷ 케이크를 가장 적게 먹은 사람을 구한다.

답 _____

공부한 날

월

일

3일

49

수학 문해력 기르기

문해력 문제 6

피자 한 판을 **똑같이 6조각으로** 나누었습니다./
그중 **1조각을 이서가 먹고,**/
민수는 **이서가 먹고 남은 피자의** $\frac{2}{5}$를 먹었습니다./

이서와 민수가 먹고/ 남은 피자는 몇 조각인지 구하세요.
└ 구하려는 것

해결 전략

> 이서가 먹고 남은 조각 수를 구하려면

❶ (처음 조각 수)−(____가 먹은 조각 수)를 구하고,

> 민수가 먹은 조각 수를 구하려면

❷ 이서가 먹고 남은 조각 수의 $\dfrac{\ }{5}$를 구한다.
    └ ❶에서 구한 수

> 이서와 민수가 먹고 남은 조각 수를 구하려면

❸ (이서가 먹고 남은 조각 수)−(민수가 먹은 조각 수)를 구한다.
   └ ❶에서 구한 수   └ ❷에서 구한 수

문제 풀기

❶ (이서가 먹고 남은 조각 수)= ☐ −1= ☐ (조각)

❷ (민수가 먹은 조각 수)= ☐ 조각의 $\frac{2}{5}$ = ☐ 조각

❸ (이서와 민수가 먹고 남은 조각 수)=5− ☐ = ☐ (조각)

답 _____

문해력 레벨업

수직선을 그리고 전체의 수만큼 똑같이 나누어 문제의 조건을 나타내 보자.

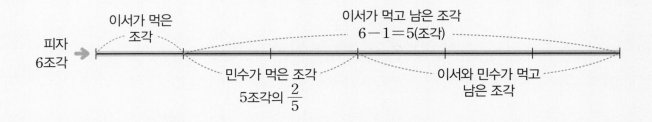

피자 6조각 →
이서가 먹은 조각
이서가 먹고 남은 조각
6−1=5(조각)
민수가 먹은 조각
5조각의 $\frac{2}{5}$
이서와 민수가 먹고
남은 조각

6-1 시안이네 반에서 합동 그림을 그리려고/ 종이 한 장을 똑같이 8부분으로 나누었습니다./ 그중 1부분에 선생님이 그림을 그리고,/ 남학생은 선생님이 그리고 남은 부분의 $\frac{3}{7}$에 그림을 그렸습니다./ 선생님과 남학생이 그림을 그리고/ 남은 종이는 몇 부분인가요?

따라 풀기 ❶

❷

❸

답 _____

6-2 찬주는 온라인 레이싱 게임을 10경기 했습니다./ 그중 4경기는 지고,/ 나머지 경기의 $\frac{2}{6}$는 비겼습니다./ 찬주가 이긴 경기는/ 전체 경기의 얼마인지 분수로 나타내 보세요.

출처: Getty Images Bank

스스로 풀기 ❶ 지지 않은 경기의 수를 구한다.

❷ 비긴 경기의 수를 구한다.

❸ 이긴 경기의 수를 구하여 전체 경기의 얼마만큼인지 분수로 나타낸다.

답 _____

수학 문해력 기르기

관련 단원 분수와 소수

문해력 문제 7

하윤, 찬율, 소민이는/ 같은 길이의 철사를 각각 가지고 있습니다./

하윤이는 전체의 $\frac{7}{10}$만큼,/ 찬율이는 전체의 0.8만큼,/

소민이는 전체의 0.9만큼 사용했습니다./

하윤, 찬율, 소민이 중/ 철사를 가장 적게 사용한 사람은 누구인지 구하세요.
└ 구하려는 것

해결 전략

┌ 분수와 소수 중 한 가지로 통일해서 사용한 길이를 비교해야 하니까 ┐

❶ 먼저 $\frac{7}{10}$, 0.8, 0.9 중에서 $\frac{7}{10}$을 소수로 나타낸다.

문해력 핵심 🎓
주어진 수 중 분수가 1개, 소수가 2개이므로 분수를 소수로 나타내 크기를 비교하는 것이 간단하다.

┌ 철사를 가장 적게 사용한 사람을 구하려면 ┐

❷ 세 소수 중에서 가장 (큰 , 작은) 수를 찾는다.
└ 알맞은 말에 ○표 하기

문제 풀기

❶ 하윤이가 사용한 길이: 전체의 $\frac{7}{10}$ = ☐

❷ 세 소수의 크기를 비교하여 철사를 가장 적게 사용한 사람 구하기

☐ < ☐ < 0.90이므로

철사를 가장 적게 사용한 사람은 ☐ 이다.

답 _____

💡 **문해력 레벨업**

주어진 조건과 구하려는 것에 따라 가장 큰 수를 찾을지, 가장 작은 수를 찾을지 정하자.

주어진 조건 → **사용한 양**이 주어진 경우에

구하려는 것 →
① **가장 적게 사용한 사람**을 구하려면 사용한 양이 가장 적은 것을 찾는다.
② **가장 적게 남은 사람**을 구하려면 사용한 양이 가장 많은 것을 찾는다.

🎓 **참고**

사용한 양	남은 양

사용한 양	남은 양

사용한 양	남은 양

사용한 양이 많을수록 남은 양이 적어져.

쌍둥이 문제

7-1 지호, 예건, 현지는/ 똑같은 주스를 한 병씩 사서 마셨습니다./ 지호는 주스의 0.4만큼,/ 예건이는 주스의 0.7만큼,/ 현지는 주스의 $\frac{6}{10}$만큼 남았습니다./ 지호, 예건, 현지 중/ 주스가 가장 많이 남은 사람은 누구인가요?

따라 풀기 ❶

❷

답 _____

문해력 레벨 1

7-2 서우네 반에서 수학 단원평가를 보았습니다./ 서우는 전체의 0.3만큼,/ 소율이는 전체의 $\frac{2}{10}$만큼,/ 채영이는 전체의 $\frac{5}{10}$만큼 틀렸습니다./ 서우, 소율, 채영이 중/ 수학 단원평가 문제를 가장 많이 맞힌 사람은 누구인가요?

스스로 풀기 ❶

틀린 문제가 적을수록
맞힌 문제가 많아져.

❷

답 _____

문해력 레벨 2

7-3 윤재, 서준, 로운, 찬주는/ 어린이※마라톤 대회에 참가하였습니다./ 지금까지 윤재는 전체의 0.5만큼,/ 서준이는 전체의 $\frac{9}{10}$만큼,/ 로운이는 전체의 0.8만큼,/ 찬주는 전체의 $\frac{6}{10}$만큼 달렸습니다./ 지금 네 명 중 앞에서부터 두 번째로/ 달리고 있는 사람은 누구인가요?

스스로 풀기 ❶ 서준이와 찬주가 달린 거리를 소수로 나타낸다.

문해력 백과 📖
마라톤: 육상 경기에서 42.195 km를 달리는 장거리 경주 종목

❷ 네 소수의 크기를 비교하여 앞에서부터 두 번째로 달리고 있는 사람을 구한다.

답 _____

수학 문해력 기르기

문해력 문제 8

주원이는 공원 둘레를 따라 걸으려고 합니다./

주원이가 공원 둘레의 $\frac{1}{9}$ 만큼을 걷는 데/ 5분이 걸립니다./

같은 빠르기로 공원 둘레의 $\frac{7}{9}$ 만큼을 걸으려면/

몇 분이 걸리는지 구하세요.
└ 구하려는 것

해결 전략

공원 둘레의 $\frac{7}{9}$ 만큼 걷는 데 걸리는 시간을 구하려면

❶ $\frac{7}{9}$ 은 $\frac{1}{9}$ 의 몇 배인지 구하여

❷ (공원 둘레의 $\frac{1}{9}$ 만큼 걷는 데 걸리는 시간)×(위 ❶에서 구한 수)를 구한다.

문제 풀기

❶ $\frac{7}{9}$ 은 $\frac{1}{9}$ 의 ☐ 배이다.

❷ (공원 둘레의 $\frac{7}{9}$ 만큼 걷는 데 걸리는 시간)

$=5 \times$ ☐ $=$ ☐ (분)

답 _____

문해력 레벨업

거리가 3배이면 걸리는 시간도 3배가 된다.

예 산책로의 $\frac{1}{4}$ 만큼을 걷는 데 10분이 걸릴 때, 산책로의 $\frac{3}{4}$ 만큼을 걸으려면 **몇 분이 걸리는지** 구하기

산책로의 $\frac{1}{4}$

10분

산책로의 $\frac{3}{4}$

10분의 3배

산책로의 $\frac{1}{4}$ → **10분 걸림.**

3배 ↓   3배

산책로의 $\frac{3}{4}$ → **(10 × 3)분 걸림.**

쌍둥이 문제

8-1 예서네 집에서는※로봇 청소기가 청소를 합니다./ 로봇 청소기가 전체의 $\dfrac{1}{6}$ 만큼을 청소하는 데/ 8분이 걸립니다./ 같은 빠르기로 전체의 $\dfrac{5}{6}$ 만큼을 청소하려면/ 몇 분이 걸리나요?

따라 풀기 ❶

문해력 백과 📖
로봇 청소기: 스스로 움직이면서 청소를 하는 로봇

❷

답 _____

문해력 레벨 1

8-2 떨어진 높이의 $\dfrac{1}{5}$ 만큼 튀어 오르는 공이 있습니다./ 승후가 이 공을 떨어뜨렸더니/ 30 cm 튀어 올랐습니다./ 승후가 공을 떨어뜨린 높이는 몇 cm인가요?

스스로 풀기 ❶

❷

답 _____

문해력 레벨 2

8-3 효인이는 설거지를 하고 용돈을 받았습니다./ 받은 용돈의 $\dfrac{2}{3}$ 만큼으로 캐러멜을 샀더니/ 400원이 남았습니다./ 효인이가 받은 용돈은 얼마인가요?

스스로 풀기 ❶ 남은 돈은 받은 용돈의 얼마만큼인지 분수로 나타낸다.

❷ 받은 용돈은 남은 돈의 몇 배가 되는지 구한다.

❸ 받은 용돈이 얼마인지 구한다.

답 _____

수학 문해력 완성하기

관련 단원 나눗셈

|보기|와 같이/ 〈㉮〉는 ㉮를 8로 나누었을 때의 몫/이라고 약속할 때,/ 다음을 계산하면 얼마인지 구하세요.

|보기|

〈16〉

⬇

$16 \div 8 = 2$

⬇

〈16〉 $= 2$

〈48〉$+$〈56〉$+$〈72〉

해결 전략

• |보기|의 약속에 따라 나눗셈식을 세워 계산하자.

예 〈24〉는 24를 8로 나누었을 때의 몫이므로
〈24〉 ➡ $24 \div 8 = 3$ ➡ 〈24〉$= 3$

※18년 상반기 19번 기출 유형

문제 풀기

❶ 〈48〉, 〈56〉, 〈72〉의 값을 각각 구하기

〈48〉 ➡ $48 \div 8 =$ ☐ ➡ 〈48〉$=$ ☐

〈56〉 ➡

〈72〉 ➡

❷ 위 ❶에서 구한 값을 이용하여 〈48〉$+$〈56〉$+$〈72〉를 계산한 결과 구하기

답 _____

📖 복습책 19~20쪽에 유사, 심화문제 제공

관련 단원 **나눗셈**

기출 2 같은 모양은 같은 수를 나타냅니다. / ●의 값은 얼마인지 구하세요.

> · ● + ■ = 35
> · ● ÷ ■ = 4

해결 전략

주어진 두 가지 조건 중에서
한 가지 조건을 이용하여 **표를 만든 후,** 나머지 조건을 만족하는 **경우를 찾자.**

※19년 상반기 19번 기출 유형

문제 풀기

❶ 나눗셈식 ● ÷ ■ = 4를 곱셈식으로 나타내기

●는 ■의 ⬜ 배이므로 곱셈식으로 나타내면 ■ × ⬜ = ●이다.

❷ 위 ❶에서 나타낸 곱셈식을 만족하는 표 만들기

■	1	2	3	4	5	6	7
●	4	8	12				
● + ■	5	10					

❸ 위 ❷에서 나타낸 표를 보고 ●의 값 구하기

_____

_____

답 _____

수학 문해력 완성하기

창의 **3**

벌레가 한 마리 있습니다./ 이 벌레는 1분이 지나면 2마리가 되고,/ 다시 1분이 더 지나면 4마리가 됩니다./ 즉 1분마다 벌레 수가 2배로 늘어납니다./ 이와 같은 벌레 한 마리를 병에 넣고/ 1시간이 지났더니/ 벌레가 병을 가득 채웠습니다./ 이 병의 $\frac{1}{4}$ 을 채우는 데/ 몇 분이 걸렸는지 구하세요.

해결 전략

• 병을 가득 채운 시간부터 거꾸로 생각해 보자.

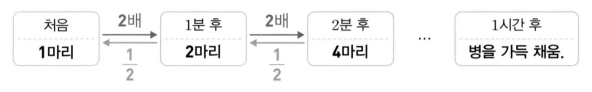

문제 풀기

❶ 병에 채워진 벌레의 양만큼 각각 색칠해 보세요.

(1시간)
병을 가득 채움.

1분 전

1분 전

❷ 병의 $\frac{1}{2}$ 을 채우는 데 몇 분이 걸렸는지 구하기

병의 $\frac{1}{2}$ 을 채우는 때는 1시간에서 ☐ 분 전이므로 ☐ 분이다.

❸ 병의 $\frac{1}{4}$ 을 채우는 데 몇 분이 걸렸는지 구하기

답 _____

관련 단원 나눗셈

융합 **4** 동양에서 가장 오래된 수학 고전인/※구장산술의 제 7장 영부족(가득 차거나 부족한 수)의 계산에 나온 문제 유형입니다./ 이 문제의 답을 구하세요.

> 여러 사람이 함께 물건을 구입할 때/ 한 사람이 7전씩 내면/ 8전이 부족하고,/ 한 사람이 9전씩 내면/ 6전이 남는다고 합니다./ 물건 값은 얼마인가요?

해결 전략

7전씩 내면 **8전**이 부족하다. ⬭= 7전씩 내면 물건 값이 낸 돈보다 **8전** 더 많다.

9전씩 내면 **6전**이 남는다. ⬭= 9전씩 내면 물건 값이 낸 돈보다 **6전** 더 적다.

문제 풀기

❶ 주어진 조건을 그림으로 나타내기

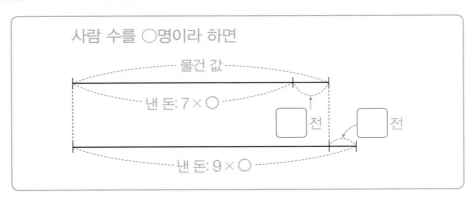

❷ 위 ❶에서 나타낸 그림을 이용하여 사람 수 구하기

7×○와 9×○의 차가 8+☐=☐이므로 2×○=14이다.

➡ ○=14÷2=☐이므로 사람은 ☐명이다.

❸ '한 사람이 9전씩 내면 6전이 남는다.'를 이용하여 물건 값 구하기

(낸 돈)=9×☐=☐(전)

➡ (물건 값)=☐−6=☐(전)

문해력 백과 📖
구장산술은 중국의 수학 고전으로 문제와 답, 계산법을 기록하고 있다.
전: 옛날 돈의 단위

답 _____

수학 문해력 평가하기

문제를 읽고 조건을 표시하면서 풀어 봅니다.

40쪽 문해력 **1**

1 다윤이네 반 학생들이 한 줄에 3명씩 6줄로 줄을 서 있습니다. 이 학생들이 똑같이 9모둠으로 나누어 달리기 시합을 했습니다. 한 모둠의 학생은 몇 명인가요?

풀이

답 _____

44쪽 문해력 **3**

2 하율이네 집에 있는 튀김기로 돈가스 5장을 튀기는 데 25분이 걸립니다. 돈가스 한 장을 튀기는 시간이 일정하다면 이 튀김기로 쉬지 않고 돈가스 7장을 튀기는 데 몇 분이 걸리는지 구하세요.

(단, 튀김기로 돈가스를 한 번에 1장씩 튀길 수 있습니다.)

풀이

답 _____

48쪽 문해력 **5**

3 주스 한 병을 사서 전체의 $\frac{2}{6}$는 우재가 마시고, 전체의 $\frac{1}{6}$은 준수가 마셨습니다. 우재와 준수가 마시고 남은 주스를 모두 태희가 마셨을 때 우재, 준수, 태희 중 누가 주스를 가장 많이 마셨는지 구하세요.

풀이

답 _____

52쪽 문해력 7

4 수아, 동수, 다현이는 어린이 농구 대회에 나가려고 ※자유투 연습을 하고 있습니다. 세 사람이 같은 횟수만큼 공을 던져서 수아는 던진 횟수의 0.5만큼, 동수는 던진 횟수의 $\frac{8}{10}$ 만큼, 다현이는 던진 횟수의 0.7만큼 공을 넣었습니다. 수아, 동수, 다현이 중 공을 가장 많이 넣은 사람은 누구인가요?

풀이

답 _____

42쪽 문해력 2

5 준하네 농장에서는 염소와 닭을 키웁니다. 염소와 닭의 다리 수를 세어 보니 염소의 다리는 20개, 닭의 다리는 14개였습니다. 농장에서 키우는 염소와 닭은 모두 몇 마리인가요?

풀이

답 _____

문해력 백과 📖
자유투: 일정한 지점에서 아무런 방해없이 공을 던지는 것

주말 TEST 수학 문해력 평가하기

50쪽 문해력 6

6 사과 파이 한 판을 구워 똑같이 9조각으로 나누었습니다. 그중 1조각을 보라가 먹고, 윤하는 보라가 먹고 남은 사과 파이의 $\frac{3}{8}$을 먹었습니다. 보라와 윤하가 먹고 남은 사과 파이는 몇 조각인가요?

풀이

답 _____

54쪽 문해력 8

7 윤주는 감기에 걸려서 물약을 처방받았는데 매일 같은 양의 물약을 복용해야 한다고 합니다. 전체 물약의 $\frac{1}{5}$만큼을 이틀 동안 복용한다면 전체 물약의 $\frac{3}{5}$만큼을 복용하는 데 며칠이 걸리나요?

풀이

답 _____

54쪽 문해력 8

8 떨어진 높이의 $\frac{1}{6}$만큼 튀어 오르는 공이 있습니다. 민재가 이 공을 떨어뜨렸더니 20 cm 튀어 올랐습니다. 민재가 공을 떨어뜨린 높이는 몇 m 몇 cm인가요?

풀이

답 _____

46쪽 문해력 4

9 돌고래 몇 마리에게 새우를 나누어 주려고 합니다. 한 마리당 새우를 12마리씩 주면 9마리가 남고, 새우를 15마리씩 주면 딱 맞다고 합니다. 돌고래는 몇 마리인가요?

> 풀이
>
>
>
>
>
>
>
>
> 답 _____

48쪽 문해력 5

10 진서는 저금통에 돈을 모았습니다. 모은 돈의 $\frac{5}{12}$만큼을 팽이를 사는 데 쓰고, 모은 돈의 $\frac{6}{12}$만큼을 어머니께 드릴 꽃을 사는 데 썼습니다. 쓴 돈은 남은 돈의 몇 배인가요?

> 풀이
>
>
>
>
>
>
>
> 답 _____

곱셈

같은 수를 여러 번 더하는 경우 곱셈을 이용하면 간단해요.
몇 개씩 몇 묶음, 몇 배, 곱 등을 구하는 상황에서는 곱셈식을 세워야 해요.
다양한 상황의 곱셈 문제를 주의 깊게 읽으면서
알맞은 곱셈식을 세워 재미있게 문제를 해결해 봐요.

이번 주에 나오는 **어휘 & 지식백과** 🔍

문해력 기초 다지기

문장제에 적용하기

○ 연산 문제가 어떻게 문장제가 되는지 알아봅니다.

1 20 × 2

>> **20**씩 **2**묶음은 몇인가요?

식   20 × 2 = ☐

답

2 13 × 3

>> **13**의 **3**배는 몇인가요?

식

답

3 42 × 4

 한 봉지에 **42**장씩 들어 있는 색종이가 **4**봉지 있습니다.
색종이는 **모두 몇** 장인가요?

식   꼭! 단위까지 따라 쓰세요.

답   장

4 30 × 5

 한 상자에 **30**마리씩 담겨 있는 새우가 **5**상자 있습니다.
새우는 **모두 몇** 마리인가요?

식

답   마리

5 15 × 6

한 병에 **15개**씩 들어 있는 사탕이 **6병** 있습니다.
사탕은 **모두 몇 개**인가요?

식 _____

답 _____ 개

꼭! 단위까지
따라 쓰세요.

6 27 × 4

학생들이 한 줄에 **27명**씩 **4줄**로 서 있습니다.
줄을 서 있는 학생은 **모두 몇 명**인가요?

식 _____

답 _____ 명

7 85 × 2

한 통에 **85개**씩 들어 있는 이쑤시개가 **2통** 있습니다.
이쑤시개는 **모두 몇 개**인가요?

식 _____

답 _____ 개

◑ 간단한 문장제를 풀어 봅니다.

1 효재네 학교 3학년은 한 반에 **21명씩 3개 반**이 있습니다.
3학년 학생은 **모두 몇 명**인가요?

식 _____ 답 _____

2 영훈이는 하루에 **30분씩 일주일** 동안 연산 문제를 풀었습니다.
영훈이가 연산 문제를 **모두 몇 분** 동안 풀었나요?

식 _____ 답 _____

3 민우의 나이는 올해 **15살**입니다.
민우 삼촌의 나이는 민우 나이의 **3배**일 때,
삼촌의 나이는 몇 살인가요?

식 _____ 답 _____

4 기석이는 뮤지컬 공연을 보러 공연장에 갔습니다.
공연장은 한 구역에 좌석이 **40석씩** 있고 **3구역**으로 되어 있을 때
공연장에 있는 좌석은 **모두 몇 석**인가요?

식 _____   답 _____

5 지영이는 영어 단어를 하루에 **25개씩** 외웁니다.
지영이가 **4일** 동안 외운 영어 단어는 **모두 몇 개**인가요?

식 _____   답 _____

6 아버지가 텃밭에 상추를 심었습니다.
한 줄에 **12포기씩 9줄**로 심었다면
아버지가 텃밭에 심은 상추는 **모두 몇 포기**인가요?

식 _____   답 _____

7 영우네 학교 학생들이 체험 학습을 가기 위해
버스 한 대에 **36명씩 6대**에 탔습니다.
버스에 탄 학생은 **모두 몇 명**인가요?

식 _____   답 _____

수학 문해력 기르기

관련 단원 곱셈

문해력 문제 1

정우는 4월과 5월 두 달 동안/ 매일 달리기를 했습니다./
하루에 2 km씩 달리기를 했다면/
정우가 두 달 동안 달리기를 한 거리는/ 모두 몇 km인지 구하세요.
└ 구하려는 것

해결 전략

달리기를 한 날수를 구하려면

❶ (4월의 날수)+(⬜월의 날수)를 구하고

두 달 동안 달리기를 한 거리를 구하려면
┌ ❶에서 구한 수
❷ (하루에 달리기를 한 거리) ◯ (달리기를 한 날수)를 구한다.
└ +, −, ×, ÷ 중 알맞은 것 쓰기

📖 문해력 핵심

하루에 달리기를 한 거리가 주어졌으므로 4월과 5월 두 달의 날수가 며칠인지 구해야 한다.

문제 풀기

❶ (4월의 날수)=⬜일, (5월의 날수)=31일이므로

(달리기를 한 날수)=⬜+31=⬜(일)

❷ (두 달 동안 달리기를 한 거리)

=2×⬜=⬜×2=⬜(km)

답 _____

💡 문해력 레벨업

주어진 조건의 단위가 다를 때에는 단위를 같게 만들어 식을 세우자.

각 달의 날수를 주먹을 쥐었을 때 둘째 손가락부터 시작해서 위로 솟은 곳은 31일, 안으로 들어간 곳은 30일 (또는 28일, 29일)로 기억해.

월별 날수

1월	2월	3월	4월	5월	6월
31일	28일 (29일)	31일	30일	31일	30일
7월	8월	9월	10월	11월	12월
31일	31일	30일	31일	30일	31일

시간의 단위

1년=12개월
1주일=7일
1일=24시간
1시간=60분
1분=60초

쌍둥이 문제

1-1 공장에서 산업용 로봇이 상자를 옮기고 있습니다./ 이 로봇이 상자를 1분에 9개씩 옮길 수 있다면/ 1시간 4분 동안 옮길 수 있는 상자는/ 모두 몇 개인가요?

출처: ©MOLPIX/shutterstock

따라 풀기 ❶

> **문해력 백과** 📖
> 산업용 로봇: 컴퓨터의 통제에 의하여 일정한 작업을 하는 기계

❷

답 _____

문해력 레벨 1

1-2 효진이는 6월과 7월 두 달 동안/ 매일 색종이 접기를 했습니다./ 색종이를 6월에는 하루에 4장씩 사용하고,/ 7월에는 하루에 3장씩 사용했습니다./ 두 달 동안 효진이가 사용한 색종이는/ 모두 몇 장인가요?

스스로 풀기 ❶ 6월에 사용한 색종이의 수를 구한다.

❷ 7월에 사용한 색종이의 수를 구한다.

❸ 두 달 동안 사용한 색종이의 수를 구한다.

답 _____

문해력 레벨 2

1-3 지우의 삼촌은 과수원에서 2주일 동안/ 매일 2시간씩 사과를 땄습니다./ 한 시간에 사과를 4상자씩 땄다면/ 지우의 삼촌이 과수원에서 딴 사과는/ 모두 몇 상자인가요?

스스로 풀기 ❶ 2주일은 며칠인지 구한다.

❷ 사과를 딴 시간은 몇 시간인지 구한다.

❸ 과수원에서 딴 사과 상자의 수를 구한다.

답 _____

수학 문해력 기르기

문해력 문제 2

어느 공장에서 4시간 동안/ 15대의 냉장고를 만든다고 합니다./
이 공장에서 하루 동안/ 쉬지 않고
만들 수 있는 냉장고는 몇 대인지 구하세요.
└ 구하려는 것

해결 전략

┌ 하루 동안 만들 수 있는 냉장고의 수를 구하려면 ┐

❶ 하루는 몇 시간인지 구하고

❷ 하루의 시간은 4시간의 몇 배인지 구한 후

❸ (4시간 동안 만드는 냉장고의 수) ◯ (❷에서 구한 수)를 구한다.
└ +, −, ×, ÷ 중 알맞은 것 쓰기

문제 풀기

❶ 하루는 ☐ 시간이다.

❷ 하루는 4시간의 몇 배인지 구하기

4 × ☐ =24이므로 24시간은 4시간의 ☐ 배이다.

❸ (하루 동안 만들 수 있는 냉장고의 수)

=15 × ☐ = ☐ (대)

답 _____

문해력 레벨업

만드는 시간이 2배, 3배, 4배, ...가 되면 만드는 개수도 2배, 3배, 4배, ...가 된다.

예 모자를 2시간 동안 3개씩 만들 때 주어진 시간 동안 만들 수 있는 모자의 수 구하기

만드는 시간	2시간	4시간	6시간	8시간
만들 수 있는 모자의 수	3개	6개	9개	12개

×2 ×3 ×4

×2 ×3 ×4

쌍둥이 문제

2-1 어느 옷 공장에서 3시간 동안/ 51벌의 티셔츠를 만들어 낸다고 합니다./ 이 공장에서 하루 동안 쉬지 않고/ 만들 수 있는 티셔츠는 몇 벌인가요?

따라 풀기 ❶

❷

❸

답 _____

문해력 레벨 1

2-2 이서네 집에 있는 *제빙기는 50분 동안/ 얼음 90개를 만들어 낸다고 합니다./ 이 제빙기를 쉼 없이 작동시킬 때/ 4시간 10분 동안 만들 수 있는 얼음은 몇 개인가요?

스스로 풀기 ❶

문해력 **어휘** 📖

제빙기: 얼음을 만드는 기계   ❷

❸

답 _____

문해력 레벨 2

2-3 하루에 12시간씩/ 토요일과 일요일에만 장사를 하는 호떡 가게가 있습니다./ 이 호떡 가게에서 6시간 동안/ 72개의 호떡이 팔렸다고 할 때/ 2주일 동안 팔린 호떡은 몇 개인가요?

스스로 풀기 ❶ 2주일 동안 장사를 한 시간을 구한다.

❷ 2주일 동안 장사를 한 시간은 6시간의 몇 배인지 구한다.

❸ 2주일 동안 팔린 호떡의 수를 구한다.

답 _____

수학 문해력 기르기

문해력 문제 3

※무선 조종 자동차 ㉮와 ㉯가 같은 곳에서/ 서로 같은 방향으로 동시에 출발했습니다./ ㉮는 1분에 96 m씩,/ ㉯는 1분에 72 m씩 가는 빠르기로 일직선으로 달렸습니다./ 4분 후/ ㉮와 ㉯ 사이의 거리는 몇 m인지 구하세요./
└구하려는 것

해결 전략

┌ 1분 후 ㉮와 ㉯ 사이의 거리를 구하려면 ┐

❶ (1분 동안 ㉮가 달린 거리)−(1분 동안 ㉯가 달린 거리)를 구하고

📖 **문해력 백과**

무선 조종 자동차: 전자기파로 멀리서 조종하여 움직이는 모형 자동차

┌ 4분 후 ㉮와 ㉯ 사이의 거리를 구하려면 ┐

❷ (1분 후 ㉮와 ㉯ 사이의 거리)×(달리는 시간)을 구한다.
└❶에서 구한 거리

문제 풀기

❶ (1분 후 ㉮와 ㉯ 사이의 거리)

$=96 \bigcirc 72 = \boxed{}$ (m)
└ +, −, ×, ÷ 중 알맞은 것 쓰기

❷ (4분 후 ㉮와 ㉯ 사이의 거리)

$= \boxed{} \times 4 = \boxed{}$ (m)

답 _____

문해력 레벨업

두 자동차 사이의 거리는 가는 방향에 따라 다르게 구하자.

• **같은 방향**으로 갈 때는 간 거리의 **차**를 구한다.

(1분 후 두 자동차 사이의 거리)
$=90-50=40$ (m)

• **반대 방향**으로 갈 때는 간 거리의 **합**을 구한다.

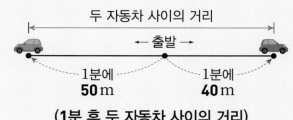

(1분 후 두 자동차 사이의 거리)
$=50+40=90$ (m)

쌍둥이 문제

3-1 ※드론 A와 B가 같은 곳에서/ 서로 같은 방향으로 동시에 출발했습니다./ 드론 A는 1분에 75 m씩,/ 드론 B는 1분에 95 m씩 가는 빠르기로 일직선으로 움직였습니다./ 7분 후/ 드론 A와 B 사이의 거리는 몇 m인가요?

따라 풀기 **❶**

문해력 백과 📖

드론: 전자기파로 멀리서 조종하여 움직이는 비행 물체

❷

답 _____

문해력 레벨 1

3-2 거북이와 개미가 같은 곳에서/ 서로 반대 방향으로 동시에 출발했습니다./ 거북이는 1분에 28 m씩,/ 개미는 1분에 52 m씩 가는 빠르기로 9분 동안 일직선인 길을 따라 움직였습니다./ 지금 거북이와 개미 사이의 거리는 몇 m인가요?

스스로 풀기 **❶**

❷

답 _____

문해력 레벨 2

3-3 민재와 서후가 같은 곳에서/ 서로 같은 방향으로 일직선인 길을 따라 걸으려고 합니다./ 민재는 1분에 60 m씩,/ 서후는 1분에 90 m씩 가는 빠르기로 걸어갑니다./ 민재가 먼저 출발하고 나서/ 2분 후에 서후가 출발했습니다./ 민재가 출발한 지 7분 후에/ 두 사람 사이의 거리는 몇 m인가요?

스스로 풀기 **❶** 민재와 서후가 걸은 시간을 각각 구한다.

❷ 민재와 서후가 ❶에서 구한 시간 동안 걸은 거리를 각각 구한다.

❸ 민재가 출발한 지 7분 후 두 사람 사이의 거리를 구한다.

답 _____

문해력
문제 4

성주네 집 앞의 도로 양쪽에/ 처음부터 끝까지 7 m 간격으로 벚나무를 심었습니다./
도로 양쪽에 심은 벚나무가 84그루일 때/
도로의 길이는 몇 m인지 구하세요./ (단, 나무의 두께는 생각하지 않습니다.)
└ 구하려는 것

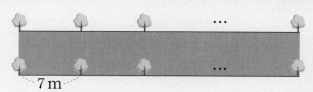

7 m

해결 전략

도로 한쪽에 심은 벚나무의 수를 구하려면

❶ 두 번 더해서 84가 되는 수를 구한다.

도로 한쪽에 심은 벚나무 사이의 간격 수를 구하려면

❷ (도로 한쪽에 심은 벚나무의 수)−1을 구한 후
  └ ❶에서 구한 수

도로의 길이를 구하려면

❸ (벚나무 사이의 간격) ◯ (❷에서 구한 간격 수)를 구한다.
  •+, −, ×, ÷ 중 알맞은 것 쓰기

문해력 핵심

도로 양쪽에 84그루가 심어져 있으므로 도로 한쪽에는 84그루의 반만큼 심어져 있다.

문제 풀기

❶ 42＋42＝84이므로 (도로 한쪽에 심은 벚나무의 수)＝ ☐ 그루

❷ (도로 한쪽에 심은 벚나무 사이의 간격 수)＝ ☐ −1＝ ☐ (군데)

❸ (도로의 길이)＝7× ☐ ＝ ☐ ×7＝ ☐ (m)

답 _____

문해력
레벨업

일직선과 원 모양 둘레의 간격 수를 구분하여 구하자.

일직선 위에 4개의 새싹이 있을 때

① ② ③

(간격 수)＝(새싹의 수)−1
＝4−1＝3(군데)

원 모양 둘레에 4개의 새싹이 있을 때

① ②
④ ③

(간격 수)＝(새싹의 수)
＝4군데

4-1 ※산책로의 양쪽에/ 처음부터 끝까지 9 m 간격으로※가로등을 세웠습니다./ 산책로 양쪽에
세운 가로등이 78개일 때/ 산책로의 길이는 몇 m인가요?/ (단, 가로등의 두께는 생각
하지 않습니다.)

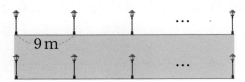

따라 풀기 **❶**

문해력 어휘 🖾
산책로: 산책할 수 있도록
만든 길
가로등: 길가를 따라 설치
해 놓은 등

❷

❸

답 _____

문해력 레벨 1

4-2 오른쪽과 같이 원 모양 호수의 둘레를 따라/ 7 m 간격으로 쓰레기통
을 놓았습니다./ 놓은 쓰레기통이 92개라면/ 호수의 둘레는 몇 m인
가요?/ (단, 쓰레기통의 폭은 생각하지 않습니다.)

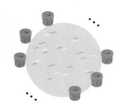

스스로 풀기 **❶** 쓰레기통 사이의 간격 수를 구한다.

❷ 호수의 둘레를 구한다.

답 _____

^일 수학 문해력 기르기

문해력 문제 5

호호 만두 가게에서 김치만두는 한 접시에 12개씩,/
갈비만두는 한 접시에 10개씩 담아 팔고 있습니다./
점심 시간에 김치만두 7접시와/ 갈비만두 8접시를 팔았다면/
점심 시간에 판 김치만두와 갈비만두는/ 모두 몇 개인지 구하세요.
└ 구하려는 것

해결 전략

· 판 김치만두의 수를 구하려면 ·
❶ (한 접시에 담는 김치만두의 수)×(판 접시의 수)를 구하고

· 판 갈비만두의 수를 구하려면 ·   · +, −, ×, ÷ 중 알맞은 것 쓰기
(한 접시에 담는 갈비만두의 수) ◯ (판 접시의 수)를 구한다.

· 판 전체 만두의 수를 구하려면 ·
❷ (판 김치만두의 수)➕(판 갈비만두의 수)를 구한다.

문제 풀기

❶ (판 김치만두의 수)=12×7=☐ (개)

(판 갈비만두의 수)=10×☐=☐ (개)

❷ (판 전체 만두의 수)
=☐+80=☐ (개)

답 _____

문해력 레벨업

문제에서 곱해지는 수와 곱하는 수의 짝을 지어 각각 곱셈식을 세우자.

예 판 붕어빵의 수와 잉어빵의 수 구하기

붕어빵은 한 봉지에 **5개씩** 담고, 잉어빵은 한 봉지에 **3개씩** 담아 팔고 있다.

오후에 **붕어빵 7봉지** 를 팔고, **잉어빵 9봉지** 를 팔았다.

↓   ↓

(판 붕어빵의 수)=**5×7**   (판 잉어빵의 수)=**3×9**

쌍둥이 문제

5-1 싱싱 과일 가게에서 자두를 한 바구니에 14개씩,/ 복숭아를 한 상자에 18개씩 담아 팔고 있습니다./ 자두 7바구니와/ 복숭아 5상자가 있다면/ 자두와 복숭아는 모두 몇 개인가요?

따라 풀기 ❶

❷

답 _____

문해력 레벨 1

5-2 지수는 하루에 동화책을 24쪽씩,/ 역사책을 16쪽씩 읽습니다./ 동화책을 5일 동안 읽고,/ 역사책을 8일 동안 읽었다면/ 어느 책을 몇 쪽 더 많이 읽었는지 차례로 쓰세요.

스스로 풀기 ❶

❷

답 _____ , _____

문해력 레벨 2

5-3 자전거※대여소에 두발자전거 35대와/ 세발자전거 25대가 있었습니다./ 이 중에서 두발자전거 7대와/ 세발자전거 8대를 빌려 갔습니다./ 대여소에 남은 자전거의 바퀴는/ 모두 몇 개인가요?

스스로 풀기 ❶ 대여소에 남은 두발자전거와 세발자전거의 수를 각각 구한다.

문해력 어휘 📖
대여소: 필요한 물건을 빌려주는 곳

❷ 대여소에 남은 두발자전거와 세발자전거의 바퀴 수를 각각 구한다.

❸ 대여소에 남은 자전거의 전체 바퀴 수를 구한다.

답 _____

3^일 수학 문해력 기르기

문해력 문제6

요리 학원에서 4가지 음식을/ 한 가지씩 차례대로 만들었습니다./
한 가지 음식을 만드는 데 15분씩 걸렸고,/
음식 한 가지를 만들고 나면 10분씩 쉬었습니다./
음식을 만들기 시작해서/ 4가지를 모두 만들 때까지 몇 분이 걸렸는지 구하세요.
└▸구하려는 것

해결 전략

┌ 음식을 만든 시간의 합을 구하려면 ┐
❶ (한 가지 음식을 만든 시간)×(음식의 수)를 구하고

┌ 쉬는 시간의 합을 구하려면 ┐
❷ (한 번에 쉬는 시간) ◯ (쉬는 횟수)를 구한다. └▸ +, -, ×, ÷ 중 알맞은 것 쓰기

┌ 전체 걸린 시간을 구하려면 ┐
❸ (음식을 만든 시간의 합)+(쉬는 시간의 합)을 구한다.
└▸❶에서 구한 시간   └▸❷에서 구한 시간

문제 풀기

❶ (음식을 만든 시간의 합)=15×4=☐(분)

❷ (쉬는 횟수)=4-1=☐(번)

➡ (쉬는 시간의 합)=10×☐=☐(분)

문해력 주의
마지막 음식을 만들고 나서는 쉬지 않는다.

❸ (전체 걸린 시간)=60+☐=☐(분)

답 ＿＿＿＿＿＿＿＿＿＿＿

문해력 레벨업   행동하는 횟수와 쉬는 횟수는 각각 몇 번인지 알아보자.

예 계단 한 층을 오르고 나서 한 번씩 쉬는 경우

| 5층 |
| 4층 |
| 3층 |
| 2층 |
| 1층 |

1층에서 5층까지 올라갈 때
(올라가는 층 수)=5-1=4(층)
(쉬는 횟수)=4-1=3(번)

예 통나무를 한 번 자르고 나서 한 번씩 쉬는 경우

(잘린 도막 수)=4도막
(자르는 횟수)=4-1=3(번)

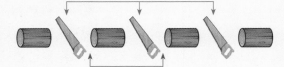

(쉬는 횟수)=3-1=2(번)

쌍둥이 문제

6-1 소민이는 스케이트를 타고[※]아이스 링크를 5바퀴 돌았습니다./ 아이스 링크 한 바퀴를 도는 데 16분씩 걸렸고,/ 한 바퀴를 돌고 나면 3분씩 쉬었습니다./ 소민이가 아이스 링크를 돌기 시작해서/ 5바퀴를 모두 돌 때까지/ 몇 분이 걸렸나요?

따라 풀기 ❶

문해력 백과 📖

아이스 링크: 스케이트를 탈 수 있게 시설을 갖추어 놓은 경기장

❷

❸

답 _____

문해력 레벨 1

6-2 연우는 계단 오르기 운동을 하고 있습니다./ 1층에서 3층까지 쉬지 않고 올라가는 데/ 50초가 걸립니다./ 연우가 쉬지 않고 1층에서 10층까지 올라가는 데/ 몇 초가 걸리나요?

스스로 풀기 ❶ 한 층을 오르는 데 걸리는 시간을 구한다.

❷ 전체 걸리는 시간을 구한다.

답 _____

문해력 레벨 2

6-3 철근 하나를 9도막으로 잘랐습니다./ 철근을 한 번 자르는 데 21분씩 걸렸고,/ 한 번 자르고 나서 12분씩 쉬었습니다./ 철근을 자르기 시작해서/ 9도막으로 모두 자를 때까지/ 몇 분이 걸렸나요?

스스로 풀기 ❶ 철근을 자르는 시간의 합을 구한다.

❷ 쉬는 시간의 합을 구한다.

❸ 전체 걸린 시간을 구한다.

답 _____

4일 수학 문해력 기르기

문해력 문제 7

28에 어떤 수를 곱하여/
100보다 작으면서/ 100에 가장 가까운 수를 만들었습니다./
어떤 수는 얼마인지 구하세요.
└ 구하려는 것

해결 전략

❶ 어떤 수를 ■라 하여 곱셈식을 세우고

❷ 곱이 100에 가깝게 되도록 ■에 알맞은 수를 넣어 계산한다.

〔어떤 수를 구하려면〕

❸ 위 ❷의 계산 결과 중 100보다 작으면서 100에 가장 가까운 수를 찾아
그때의 ■의 값을 구한다.

문제 풀기

❶ 어떤 수를 ■라 하여 곱셈식을 세우면 [   ] × ■이다.

❷ ■에 알맞은 수를 넣어 계산 결과 구하기

■ = 3일 때: 28 × 3 = [   ]

■ = 4일 때: 28 × 4 = [   ]

> **문해력 핵심**
> 100과 계산 결과의 차가 작을수록 100에 더 가까운 수이다.

❸ 어떤 수 구하기

100보다 작으면서 100에 가장 가까운 계산 결과는 [   ]이다.

➡ 어떤 수 ■는 [   ]이다.

답 _____

문해력 레벨업

모르는 수에 알맞은 수를 넣어 계산 결과를 예상해 보자.

예 12에 어떤 수를 곱하여 40에 가장 가까운 경우 구하기

어떤 수	2	3	4	5
12 × (어떤 수)	24	36	48	60

40보다 작으면서
40에 가장 가까운 수
➡ (어떤 수) = 3

40보다 크면서
40에 가장 가까운 수
➡ (어떤 수) = 4

> 40과 계산 결과의 차가 작을수록 40에 더 가까운 수야.

쌍둥이 문제

7-1 42에 어떤 수를 곱하여/ 200보다 크면서/ 200에 가장 가까운 수를 만들었습니다./ 어떤 수는 얼마인가요?

따라 풀기 ❶

❷

❸

답 _____

문해력 레벨 1

7-2 진서가 하는 게임은/ 별을 한 개 모을 때마다 15점을 얻는데/ 별을 모아 50점을 넘으면/ 다음 단계로 갈 수 있습니다./ 지금 0점일 때/ 다음 단계로 가기 위해 모아야 하는 별은/ 적어도 몇 개인가요?

스스로 풀기 ❶

문해력 핵심 🎓
문제에 '적어도'라는 말이 나오면 조건을 만족하는 수 중 가장 작은 수를 구하면 된다.

❷

❸

답 _____

문해력 레벨 2

7-3 74에 어떤 수를 곱하여/ 400에 가장 가까운 수를 만들었습니다./ 어떤 수는 얼마인가요?

스스로 풀기 ❶ 어떤 수를 □라 하여 곱셈식을 세운다.

❷ □에 알맞은 수를 넣어 계산한 후 400과 계산 결과의 차를 구한다.

❸ 위 ❷에서 구한 차의 크기를 비교하여 어떤 수를 구한다.

답 _____

수학 문해력 기르기

관련 단원 곱셈

문해력 문제 8

개미의 다리는 6개이고,/ 거미의 다리는 8개입니다./
개미와 거미를 모두 합하여/ 24마리가 있습니다./
24마리의 다리 수를 세어 보니/ 모두 164개였습니다./
개미와 거미는 각각 몇 마리인지 구하세요.
└ 구하려는 것

해결 전략

｛ 개미와 거미의 다리 수의 합을 구하는 표를 만들려면 ｝

❶ (거미의 수)＝ ⬚ －(개미의 수)이고,

(개미의 다리 수)＝(개미의 수)×6,

(거미의 다리 수)＝(거미의 수)× ⬚ 임을 이용하여 표를 만들고

｛ 개미와 거미의 수를 각각 구하려면 ｝

❷ 위 ❶의 표에서 다리 수의 합이 ⬚ 개일 때를 찾는다.

문제 풀기

❶ 개미와 거미의 다리 수의 합을 구하는 표 만들기

개미의 수(마리)	12	13	14
개미의 다리 수(개)	12×6＝72	13×6＝78	
거미의 수(마리)	12	11	
거미의 다리 수(개)	12×8＝96	11×8＝88	
다리 수의 합(개)	72＋96＝⑯⑧		

문해력 주의
구한 다리 수의 합이 164개보다 많으면 다리 수의 합을 줄여야 하므로 개미의 수를 늘려서 계산해 본다.

❷ 개미는 ⬚ 마리, 거미는 ⬚ 마리이다.

답 개미: _____ , 거미: _____

문해력 레벨업

구한 다리 수의 합을 보고 개미의 수를 늘릴지 줄일지 정하자.

개미 한 마리의 다리 수가 더 적으므로 개미가 많아지면 다리 수의 합이 적어진다.	거미 한 마리의 다리 수가 더 많으므로 거미가 많아지면 다리 수의 합이 많아진다.

쌍둥이 문제

8-1 지섭이는 사각형과 삼각형을 모두 합하여/ 30개를 그렸습니다./ 그린 사각형과 삼각형의 꼭짓점 수를 세어 보니/ 모두 106개였습니다./ 사각형과 삼각형은 각각 몇 개인가요?

따라 풀기

❶

사각형의 수(개)	15		
사각형의 꼭짓점 수(개)			
삼각형의 수(개)	15		
삼각형의 꼭짓점 수(개)			
꼭짓점 수의 합(개)			

❷

답 사각형: _____ , 삼각형: _____

문해력 레벨 1

8-2 오토바이와 승용차를 모두 합하여/ 26대가 있습니다./ 오토바이와 승용차의 바퀴 수를 세어 보니/ 모두 76개였습니다./ 오토바이와 승용차는 각각 몇 대인가요?

따라 풀기

❶

오토바이의 수(대)	16		
오토바이의 바퀴 수(개)			
승용차의 수(대)	10		
승용차의 바퀴 수(개)			
바퀴 수의 합(개)			

❷

답 오토바이: _____ , 승용차: _____

수학 문해력 완성하기

 정해진 규칙에 따라/ 오른쪽과 같이 수를 적었습니다./
㉠과 ㉡의 곱을 구하세요.

해결 전략

덧셈, 뺄셈, 곱셈, 나눗셈을 하여 바깥쪽 칸의 수와 안쪽 칸의 수 사이의 규칙을 알아보자.

※ 17년 상반기 19번 기출 유형

문제 풀기

❶ 문제의 그림에서 정해진 규칙 찾기

$36 \times 2 = 72$, $24 \times 3 = 72$, $72 \times 1 = \boxed{}$, $9 \times 8 = \boxed{}$

➔ 바깥쪽 칸과 안쪽 칸에 있는 두 수의 곱이 모두 $\boxed{}$(으)로 같은 규칙이 있다.

❷ 위 ❶에서 찾은 규칙에 따라 ㉠과 ㉡에 알맞은 수를 각각 구하기

㉠ $\times 4 = 72$ ➔ $\boxed{} \times 4 = 720$이므로 ㉠ $= \boxed{}$이다.

$12 \times$ ㉡ $= \boxed{}$ ➔ $12 \times \boxed{} = 720$이므로 ㉡ $= \boxed{}$이다.

❸ ㉠과 ㉡의 곱 구하기

답 _____

관련 단원 **곱 셈**

기출 2

6장의 수 카드 중에서/ 3장을 골라 ☐ 안에 한 번씩만 넣어/ 곱셈식의 곱이 가장 크게 되도록 만들었습니다./ 만든 곱셈식의 곱을 구하세요.

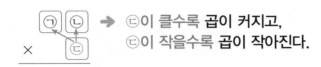 ➡ ㉠ ㉡ × ㉢

해결 전략

㉠ ㉡
 ×   ㉢   ➡ ㉢이 클수록 **곱이 커지고**,
          ㉢이 작을수록 **곱이 작아진다.**

※19년 상반기 20번 기출 유형

문제 풀기

❶ 수 카드의 수의 크기 비교하기

_____

❷ 곱이 가장 크게 되는 곱셈식을 만들 때 곱하는 수 ㉢을 구하기

㉢에 가장 (큰 , 작은) 수를 넣어야 하므로 ☐ 을/를 넣는다.
        └─ 알맞은 말에 ○표 하기

❸ 곱이 가장 크게 되는 곱셈식을 만들 때 곱해지는 수 ㉠㉡을 구하기

곱해지는 수 ㉠㉡은 나머지 수로 가장 (큰 , 작은) 수를 만들어야 하므로 ☐ 이다.

_____

❹ 곱이 가장 크게 되는 곱셈식을 만들어 곱 구하기

_____

답 _____

수학 문해력 완성하기

창의 3

다영이는 이번 달 1일부터 줄넘기를 하려고 합니다./ 1일에는 6번을 하고,/ 다음 날부터는/ 바로 전날 한 횟수의 2배만큼 하려고 합니다./ 다영이가 줄넘기를 처음으로 100번보다 많이 한 날은/ 며칠인지 구하세요.

해결 전략

• 문제에 주어진 조건을 식으로 나타내 보자.

> 다음 날부터는 바로 전날 한 횟수의 2배만큼 하려고 합니다.
>
> (다음 날 한 횟수) = (바로 전날 한 횟수) × 2

1일에 6번을 하니까 2일에는 $6 \times 2 = 12$(번)을 하는구나

문제 풀기

❶ 다영이가 1일에 하는 줄넘기 횟수 알아보기

_____

❷ 다영이가 하는 줄넘기 횟수를 구하여 표 만들기

날짜	줄넘기 횟수(번)
1일	6
2일	$6 \times 2 = 12$
3일	$12 \times 2 = 24$
4일	
5일	
6일	
⋮	⋮

❸ 위 ❷의 표를 이용하여 다영이가 줄넘기를 처음으로 100번보다 많이 한 날 구하기

_____

답 _____

관련 단원 곱 셈

융합 4 거북이는 일정한 빠르기로 12초에/ 6 m씩 간다고 합니다./ 거북이가 가에서 출발하여 나까지/ 가장 가까운 길로 가려면/ 몇 초가 걸리는지 구하세요.

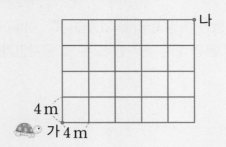

해결 전략

예 다에서 출발하여 라까지 가는 가장 가까운 길의 거리 구하기

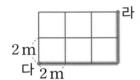

가장 가까운 길로 가려면 **2 m**씩 **5칸**을 이동해야 한다.
➡ (가장 가까운 길의 거리)=**2×5**=10 (m)

문제 풀기

❶ 가장 가까운 길의 거리는 몇 m인지 구하기

가장 가까운 길로 가려면 4 m씩 ☐칸을 이동해야 한다.

➡ (가장 가까운 길의 거리)=

❷ 가장 가까운 길로 가려면 몇 초가 걸리는지 구하기

거북이는 6 m를 가는 데 12초가 걸리고

가장 가까운 길의 거리인 ☐ m는 6 m의 ☐배이므로

(가장 가까운 길로 가는 데 걸리는 시간)=

답 _____

수학 문해력 평가하기

문제를 읽고 조건을 표시하면서 풀어 봅니다.

70쪽 문해력 1

1 윤호는 7월과 8월 두 달 동안 매일※한자를 외웠습니다. 하루에 한자를 3글자 씩 외웠다면 윤호가 두 달 동안 외운 한자는 모두 몇 글자인가요?

풀이

답 _____

74쪽 문해력 3

2 찬주와 태희가 같은 곳에서 서로 같은 방향으로 동시에 출발했습니다. 찬주는 1분에 80 m씩, 태희는 1분에 98 m씩 가는 빠르기로 일직선으로 걸었습니다. 6분 후 찬주와 태희 사이의 거리는 몇 m인가요?

풀이

답 _____

문해력 어휘 📖

한자: 고대 중국에서 만들어져 오늘날에도 쓰이고 있는 문자

78쪽 문해력 5

3 주영이가 책 정리를 하고 있습니다. 동화책은 책장 한 칸에 13권씩, 위인전은 책장 한 칸에 15권씩 꽂았습니다. 동화책은 책장 6칸에, 위인전은 책장 5칸에 꽂았다면 책장에 꽂은 동화책과 위인전은 모두 몇 권인가요?

풀이

답 _____

74쪽 문해력 3

4 동현이와 우정이가 같은 곳에서 킥보드를 타고 반대 방향으로 동시에 출발했습니다. 동현이는 10초에 41 m씩, 우정이는 10초에 39 m씩 가는 빠르기로 50초 동안 일직선인 길을 따라 움직였습니다. 지금 동현이와 우정이 사이의 거리는 몇 m인가요?

풀이

답 _____

72쪽 문해력 2

5 국화빵 틀을 이용하여 7분 동안 19개의 국화빵을 만들 수 있습니다. 이 국화빵 틀로 1시간 3분 동안 쉬지 않고 만들 수 있는 국화빵은 몇 개인가요?

풀이

답 _____

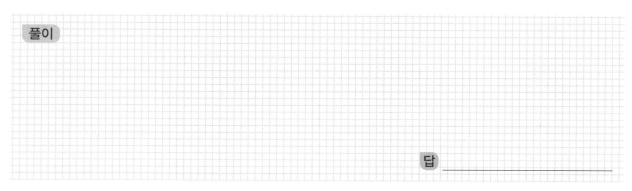

80쪽 문해력 6

6 지원이 삼촌은 공원을 4바퀴 돌았습니다. 공원 한 바퀴를 도는 데 22분씩 걸렸고, 한 바퀴를 돌고 나면 5분씩 쉬었습니다. 지원이 삼촌이 공원을 돌기 시작해서 4바퀴를 모두 돌 때까지 몇 분이 걸렸나요?

풀이

답 _____

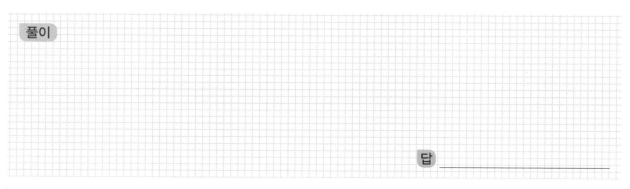

76쪽 문해력 4

7 산책로의 양쪽에 처음부터 끝까지 8 m 간격으로 나무를 심었습니다. 산책로 양쪽에 심은 나무가 82그루일 때 산책로의 길이는 몇 m인가요? (단, 나무의 두께는 생각하지 않습니다.)

풀이

답 _____

82쪽 문해력 7

8 51에 어떤 수를 곱하여 300보다 크면서 300에 가장 가까운 수를 만들었습니다. 어떤 수는 얼마인가요?

풀이

답 _____

80쪽 문해력6

9 아버지가 통나무 하나를 자르고 있습니다. 통나무를 쉬지 않고 3도막으로 자르는 데 28분이 걸립니다. 아버지가 쉬지 않고 통나무를 8도막으로 자르는 데 걸리는 시간은 몇 분인가요?

풀이

답 _____

84쪽 문해력8

10 영준이네 농장에는 닭과 돼지를 모두 합하여 40마리가 있습니다. 40마리의 다리 수를 세어 보니 모두 132개였습니다. 닭과 돼지는 각각 몇 마리인가요?

풀이

답 닭: _____, 돼지: _____

길이와 시간

길이와 시간은 일상생활에서 자주 경험하는 만큼
이번 주에 배우는 내용은 생활 속 다양한 문제를 해결하는 기초가 돼요.
길이와 시간을 이용한 문제를 차근차근 읽고
덧셈, 뺄셈을 할 때에는 단위마다 받아올림, 받아내림에 주의하면서
문제를 해결해 봐요.

이번 주에 나오는 어휘 & 지식백과

104쪽 **시차** (時 때 시, 差 다를 차)
세계 각 지역의 시각의 차이

105쪽 **밀물, 썰물**
밀물: 바닷물이 높아지면서 바닷물이 육지 쪽으로 들어오는 것
썰물: 바닷물이 낮아지면서 바닷물이 바다 쪽으로 빠져나가는 것

107쪽 **동짓날** (冬 겨울 동, 至 이를 지 + 날)
일 년 중에서 밤이 가장 길고 낮이 가장 짧은 날

112쪽 **메타버스** (metaverse)
가상을 뜻하는 'Meta'와 세계를 뜻하는 'Verse'가 합쳐진 말로
현실 세계와 같은 소통이나 활동이 이루어지는 가상 세계를 이르는 말

113쪽 **다큐멘터리** (documentary)
실제로 있던 일을 사실적으로 담은 영상물이나 기록물

113쪽 **등반** (登 오를 등, 攀 더위잡을 반) ──→ 높은 곳에 오르려고 무엇을 끌어 잡다.
험한 산이나 높은 곳의 정상에 이르기 위하여 오름.

기초 문제가 어떻게 문장제가 되는지 알아봅니다.

1 2분 30초

　＝60초＋ ☐ 초＋30초

　＝ ☐ 초

1분＝60초, 1시간＝60분

>> 아빈이는 세수를 하는 데 **2분 30초**가 걸렸습니다.
아빈이가 세수를 하는 데 **걸린 시간은 몇 초**인가요?

꼭! 단위까지 따라 쓰세요.

답 _____ 초

2 75분

　＝ ☐ 분＋15분

　＝ ☐ 시간 15분

>> 하윤이는 **75분** 동안 킥보드를 탔습니다.
하윤이가 **킥보드를 몇 시간 몇 분 동안** 탄 것인가요?

답 _____ 시간 _____ 분

3 8시 30분＋1시간 25분

| 8시 | 30 분 |
| ＋ 1시간 | 25 분 |

>> 지금은 **8시 30분**입니다.
1시간 25분 후의 시각은 몇 시 몇 분인가요?

식 8시 30분＋1시간 25분＝ ☐ 시 ☐ 분

답 _____ 시 _____ 분

4 5시 35분 −2시간 10분

지금은 **5시 35분**입니다.
2시간 10분 전의 시각은 몇 시 몇 분인가요?

식 _____ 꼭! 단위까지 따라 쓰세요.

답 _____ 시 _____ 분

5 1 km 50 m＋800 m

```
    1 km    50 m
  +         800 m
```

연우네 집에서 학교까지의 거리는
1 km 50 m보다 **800 m** 더 멉니다.
연우네 집에서 학교까지의 거리는 몇 km 몇 m인가요?

식 1 km 50 m＋800 m=☐ km ☐ m

답 _____ km _____ m

6 4 km 500 m−3 km 200 m

민서는 **4 km 500 m**를 걸었고,
예린이는 **3 km 200 m**를 걸었습니다.
민서는 예린이보다 몇 **km** 몇 **m**를 더 많이 걸었나요?

식 _____

답 _____ km _____ m

◑ 간단한 문장제를 풀어 봅니다.

1 나윤이는 반려견과 함께 **1시간 50분** 동안 산책을 했습니다.
나윤이가 **산책을 한 시간은 몇 분**인가요?

답 _____

2 로운이가 본 만화 영화는 오후 **6시 32분**에 시작하여
오후 **8시 59분**에 끝났습니다.
로운이가 본 만화 영화의 **상영 시간은 몇 시간 몇 분**인가요?

식

답 _____

3 예지는 **7시 30분**에 일어났고,
하진이는 예지보다 **24분 30초** 더 늦게 일어났습니다.
하진이가 일어난 시각은 몇 시 몇 분 몇 초인가요?

식 _____

답

4 승준이는 자전거를 **55분 20초** 동안 탔고,
스케이트보드를 **20분 30초** 동안 탔습니다.
승준이가 자전거와 스케이트보드를 탄 시간은 **모두 몇 시간 몇 분 몇 초**인가요?

식 _____

답 _____

5 어제 보람이가 사는 지역의 **하루 24시간** 중
낮의 길이가 **14시간 20분**이었습니다.
밤의 길이는 몇 시간 몇 분이었나요?

식 _____

답 _____

6 예준이의 키는 **1 m 14 cm**이고,
이서의 키는 예준이보다 **46 cm** 더 큽니다.
이서의 키는 몇 m 몇 cm인가요?

식 _____

답 _____

7 길이가 **20 cm 8 mm**인 가래떡을 두 도막으로 잘랐습니다.
한 도막의 길이가 **12 cm 5 mm**라면
다른 한 도막의 길이는 몇 cm 몇 mm인가요?

식 _____

답 _____

준비
학습

99

수학 문해력 기르기

문해력 문제 1

연수네 가족은 캠핑장에 오후 4시 55분에 도착하여/
바로 1시간 15분 동안 텐트를 친 후/
3시간 20분 동안 음식을 먹으며 놀고 나서 텐트에 들어갔습니다./
텐트에 들어간 시각은/ 오후 몇 시 몇 분인지 구하세요.
└▸구하려는 것

해결 전략

[텐트 치기를 끝낸 시각을 구하려면]
❶ (캠핑장에 도착한 시각)＋(텐트를 친 시간)을 구하고

[텐트에 들어간 시각을 구하려면]   •＋, －, ×, ÷ 중 알맞은 것 쓰기
❷ (텐트 치기를 끝낸 시각) ◯ (음식을 먹고 논 시간)을 구한다.
　└▸❶에서 구한 시간

문제 풀기

❶ (텐트 치기를 끝낸 시각)＝오후 4시 55분＋◻시간 ◻분

　　　　　　　　　　　　＝오후 6시 ◻분

❷ (텐트에 들어간 시각)＝오후 6시 ◻분＋3시간 20분

　　　　　　　　　　　＝오후 ◻시 ◻분

답 _____

문해력 레벨업

~ 후의 시각은 시간의 덧셈으로 구하자.

| 캠핑장에
도착한 시각 | (텐트를 친 시간)
1시간 15분 후 → | **텐트 치기를
끝낸 시각** | (먹고 논 시간)
3시간 20분 후 → | 텐트에
들어간 시각 |

(도착한 시각)＋1시간 15분　　　　(끝낸 시각)＋3시간 20분

쌍둥이 문제

1-1 태현이는 학원에 가서 오후 4시 20분부터/ 1시간 15분 동안 국어 강의를 들은 후,/ 바로 40분 동안 영어 강의를 들었습니다./ 영어 강의가 끝난 시각은 오후 몇 시 몇 분인가요?

따라 풀기 ❶

❷

답 _____

문해력 레벨 1

1-2 동현이는 오후 3시 50분에 지아와 전화 통화를 하면서/ 2시간 30분 뒤에 편의점 앞에서 만나기로 약속하였습니다./ 지아가 약속 시각보다 20분 더 늦게 편의점 앞에 도착했다면/ 지아가 도착한 시각은 오후 몇 시 몇 분인가요?

스스로 풀기 ❶

❷

답 _____

문해력 레벨 2

1-3 수미, 소정, 아라는 같은 반 친구입니다./ 오늘 교실에 수미는 오전 9시 되기 10분 전에 도착했고,/ 소정이는 수미보다 18분 더 빨리 도착했습니다./ 아라는 소정이보다 36분 더 늦게 도착했다면/ 아라가 교실에 도착한 시각은 오전 몇 시 몇 분인가요?

스스로 풀기 ❶ 수미가 도착한 시각을 몇 시 몇 분으로 나타낸다.

❷ 소정이가 도착한 시각을 구한다.

❸ 아라가 도착한 시각을 구한다.

답 _____

수학 문해력 기르기

문해력 문제 2

유나는 피아노 학원에서 피아노 연습을 **70분 동안** 했습니다./
피아노 연습을 **오후 5시 20분에 끝냈다면**/
유나가 피아노 연습을 **시작한 시각**은/ 오후 몇 시 몇 분인지 구하세요.
└ 구하려는 것

해결 전략

답을 몇 시 몇 분으로 구해야 하니까

❶ 연습한 시간인 70분을 몇 시간 몇 분으로 나타낸 후

연습을 시작한 시각을 구하려면

❷ (연습을 끝낸 시각) ◯ (연습한 시간)을 구한다.
└ ❶에서 나타낸 시간
└ +, −, ×, ÷ 중 알맞은 것 쓰기

> **문해력 핵심**
> 시작한 시각은 끝낸 시각부터 70분 전이다.

문제 풀기

❶ (연습한 시간)=70분

     =□분+10분

     =□시간□분

> 60분=1시간

❷ (연습을 시작한 시각)=오후 5시 20분−□시간□분

     =오후□시□분

답 _____

문해력 레벨업

~ 전의 시각은 시간의 뺄셈으로 구하자.

	(연습한 시간)	
연습을 시작한 시각	**70분 후** → ← **70분 전**	연습을 끝낸 시각

└ (끝낸 시각)−70분

쌍둥이 문제

2-1 시현이는 태권도 연습을 100분 동안 했습니다./ 태권도 연습을 끝낸 시각이 오전 11시 35분이라면/ 시현이가 태권도 연습을 시작한 시각은/ 오전 몇 시 몇 분인가요?

따라 풀기 ❶

❷

답 _____

문해력 레벨 1

2-2 준서는 저녁 식사를 35분 동안 한 후,/ 10분을 쉬었다가/ 숙제를 40분 동안 했습니다./ 숙제를 끝낸 시각이 오후 8시 30분이라면/ 준서가 저녁 식사를 시작한 시각은/ 오후 몇 시 몇 분인가요?

스스로 풀기 ❶ 저녁 식사를 한 시간, 쉰 시간, 숙제를 한 시간의 합을 구한다.

❷ (숙제를 끝낸 시각)−(❶에서 구한 시간)을 계산하여 저녁 식사를 시작한 시각을 구한다.

답 _____

문해력 레벨 1

2-3 윤주네 가족은 마트에 가서 1시간 20분 동안 장을 본 후,/ 식당에 가서 1시간 10분 동안 식사를 하였습니다./ 마트에서 식당으로 이동한 시간이 25분이고,/ 식사를 마친 시각이 오후 7시라면/ 윤주네 가족이 마트에 도착한 시각은/ 오후 몇 시 몇 분인가요?

스스로 풀기 ❶

❷

답 _____

수학 문해력 기르기

문해력 문제 3

세계 각 지역의 시각의 차이를※시차라고 합니다./
대한민국 서울의 지금 시각과/ 인도 뉴델리의 지금 시각이 다음과 같을 때/
서울과 뉴델리의 시차는/ 몇 시간 몇 분인지 구하세요.
└ 구하려는 것

서울(오후)   뉴델리(오전)

해결 전략

❶ 서울의 지금 시각을 하루 24시간을 기준으로 하여 나타내고,
뉴델리의 지금 시각을 읽은 후

┌ 서울과 뉴델리의 시차를 구하려면 ┐
└ ⌄ ┘
❷ (서울의 지금 시각)−(뉴델리의 지금 시각)을 구한다.

> 📖 **문해력 백과**
> 서울의 시각이 오전 10시일 때 베이징의 시각은 오전 9시이므로 서울과 베이징의 시차는 1시간이다.

문제 풀기

❶ (서울의 지금 시각)=오후 2시 35분=14시 35분

(뉴델리의 지금 시각)=오전 [   ]시 [   ]분

> 🎓 **문해력 핵심**
> 오후의 시각을 하루 24시간을 기준으로 나타내 계산하자.
> ⑩ 오후 2시=(2+12)시
>   =14시

❷ (서울과 뉴델리의 시차)

=14시 35분− [   ]시 [   ]분= [   ]시간 [   ]분

답 _____

💡 **문해력 레벨업**

두 시각의 차이, 즉 사이의 시간을 구할 때에는 시간의 뺄셈을 하자.

⑩ 오전 11시 30분과 오후 1시 30분 사이의 시간 구하기

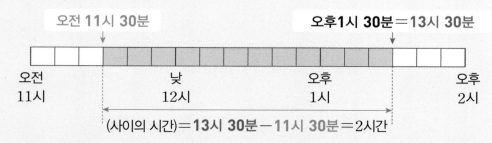

쌍둥이 문제

3-1 어느 날 *밀물과 *썰물 시각이 오른쪽과 같았습니다./ 이날의 밀물과 썰물 시각의 차이는/ 몇 시간 몇 분인가요?

밀물(오전)   썰물(오후)

따라 풀기 ❶

문해력 어휘 📖

밀물: 바닷물이 높아지면서 육지 쪽으로 들어오는 것
썰물: 바닷물이 낮아지면서 바다 쪽으로 빠져나가는 것

❷

답 _____

문해력 레벨 1

3-2 마라톤은 장거리 육상 경기 종목입니다./ 마라톤 대회에서 어떤 선수가 출발선에서 출발한 시각과/ 결승선에 도착한 시각이 오른쪽과 같았습니다./ 이 선수가 달린 시간은 몇 시간 몇 분 몇 초인가요?

출발(오전)   도착(오후)

스스로 풀기 ❶

❷

답 _____

문해력 레벨 2

3-3 어느 목장에서 진행하는 체험 활동의/ 오후 일정입니다./ 체험 활동 사이에 쉬는 시간이 없을 때/ 송아지 우유주기 체험을 하는 시간은/ 몇 시간 몇 분인가요?

체험 활동	아이스크림 만들기	송아지 우유주기	치즈 만들기
시작 시각	2:00	4:25	6:05

스스로 풀기 ❶ 송아지 우유주기, 치즈 만들기의 시작 시각을 읽는다.

❷ 송아지 우유주기 체험을 하는 시간을 구한다.

답 _____

2일 수학 문해력 기르기

문해력 문제 4

어느 날 부산에서 해가 뜬 시각은 오전 6시 24분 30초였고,/
해가 진 시각은 오후 7시 30분 45초였습니다./
이날 부산의 낮의 길이는/ 몇 시간 몇 분 몇 초인지 구하세요.
└ 구하려는 것

해결 전략

❶ 해가 진 시각을 하루 24시간을 기준으로 하여 나타낸 후

┌ 낮의 길이를 구하려면

❷ (해가 진 시각)─(해가 [   ] 시각)을 구한다.
└❶에서 나타낸 시각

오전과 오후가 섞인 시간의 계산을 할 때, 오후 시각을 하루 24시간을 기준으로 하여 나타내~

문제 풀기

❶ (해가 진 시각)=오후 7시 30분 45초

=(7+[   ])시 30분 45초

=[   ]시 30분 45초

❷ (낮의 길이)

=[   ]시 30분 45초─6시 24분 30초

=[   ]시간 [   ]분 [   ]초

답 _____

문해력 레벨업

낮의 길이를 구할 때에는 해가 떠 있는 시간을 구하자.

해가 뜬 시각   해가 진 시각

(낮의 길이)=(해가 진 시각)─(해가 뜬 시각)

(밤의 길이)=24시간─(낮의 길이)

밤의 길이는 하루의 시간 중 낮의 길이를 뺀 시간이야.

쌍둥이 문제

4-1 어느 해 1월 1일 강릉의*해돋이 시각은 오전 7시 35분이었고,/*해넘이 시각은 오후 5시 20분이었습니다./ 이날 강릉의 낮의 길이는/ 몇 시간 몇 분인가요?

> 따라 풀기 ❶

> 문해력 백과 📖
> 해돋이: 해가 뜨는 때
> 해넘이: 해가 지는 때

❷

답 _____

문해력 레벨 1

4-2 어느 해 *동짓날 서울의 낮의 길이는 9시간 34분이었습니다./ 이날 밤의 길이는 낮의 길이보다/ 몇 시간 몇 분 더 긴가요?

> 스스로 풀기 ❶ 밤의 길이를 구한다.

> 문해력 백과 📖
> 동짓날: 일 년 중에서 밤이 가장 길고 낮이 가장 짧은 날

❷ 밤의 길이와 낮의 길이의 차를 구한다.

답 _____

문해력 레벨 2

4-3 어느 날 포항에서 해가 뜬 시각은 오전 7시 6분이었고,/ 해가 진 시각은 오후 6시 12분이었습니다./ 이날 낮의 길이와 밤의 길이는/ 각각 몇 시간 몇 분인가요?

> 스스로 풀기 ❶ 해가 진 시각을 하루 24시간을 기준으로 나타낸다.

❷ 낮의 길이를 구한다.

❸ 밤의 길이를 구한다.

답 낮의 길이: _____ , 밤의 길이: _____

문해력 문제 5

현서와 은우가 같은 곳에서/ 서로 반대 방향으로 동시에 출발했습니다./
현서는 1900 m를 걸어갔고,/
은우는 2 km 200 m를 걸어갔습니다./
지금 두 사람 사이의 거리는/ 몇 km 몇 m인지 구하세요.
└─ 구하려는 것

해결 전략

주어진 조건을 그림으로 나타내면

현서가 간 거리
1900 m

은우가 간 거리
2 km 200 m

출발
두 사람 사이의 거리

답을 몇 km 몇 m로 구해야 하니까

❶ 현서가 간 거리인 1900 m를 몇 km 몇 m로 나타낸 후

지금 두 사람 사이의 거리를 구하려면

❷ (현서가 간 거리) ◯ (은우가 간 거리)를 구한다.
└─ ❶에서 나타낸 거리   └─ +, −, ×, ÷ 중 알맞은 것 쓰기

문제 풀기

❶ (현서가 간 거리)=1900 m=1 km □ m

❷ (지금 두 사람 사이의 거리)=1 km □ m+2 km 200 m

= □ km □ m

답 _____

문해력 레벨업

반대 방향으로 갈 때는 간 거리의 합을, 같은 방향으로 갈 때는 간 거리의 차를 구하자.

• 서로 반대 방향으로 갈 때

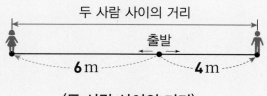

두 사람 사이의 거리

출발

6 m   4 m

(두 사람 사이의 거리)
=6 m+4 m=10 m

• 서로 같은 방향으로 갈 때

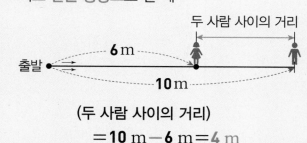

두 사람 사이의 거리

6 m

출발

10 m

(두 사람 사이의 거리)
=10 m−6 m=4 m

쌍둥이 문제

5-1 찬영이와 지효가 자전거를 타고 같은 곳에서/ 서로 같은 방향으로 동시에 출발하여/ 일직선으로 움직였습니다./ 찬영이는 2500 m를 갔고,/ 지효는 4 km 100 m를 갔습니다./ 지금 두 사람 사이의 거리는/ 몇 km 몇 m인가요?

그림 그리기

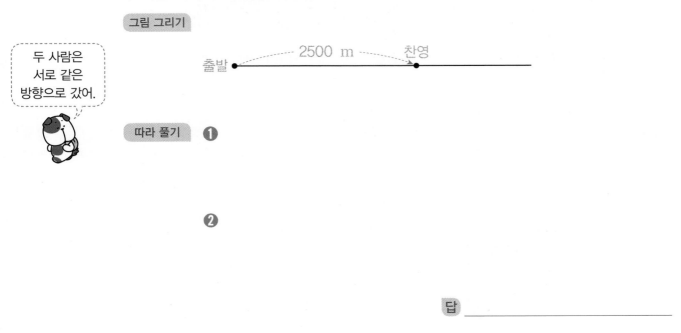

두 사람은 서로 같은 방향으로 갔어.

따라 풀기 ❶

❷

답 _____

문해력 레벨 1

5-2 윤우와 영후가/ 둥근 모양의 호수 둘레를 따라 걸으려고 합니다./ 두 사람이 같은 곳에서/ 서로 반대 방향으로 동시에 출발하여/ 윤우가 2100 m를 걷고,/ 영후가 2 km 700 m를 걸었더니 두 사람이 처음으로 만났습니다./ 이 호수 둘레의 길이는 몇 km 몇 m인가요?

그림 그리기

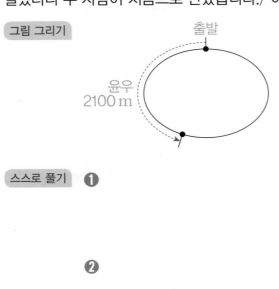

스스로 풀기 ❶

❷

답 _____

수학 문해력 기르기

문해력 문제 6

어느 방송사는 50분짜리 만화 프로그램 한 회를/ 처음부터 끝까지 방영한 후/
광고를 10분 동안 합니다./
이 방송사에서 만화 프로그램을 1회부터 3회까지 연속[※]편성했습니다./
1회가 오후 4시 20분에 시작했다면/
3회가 시작하는 시각은/ 오후 몇 시 몇 분인지 구하세요.
└ 구하려는 것

해결 전략

📖 **문해력 어휘**
편성: 방송 순서 등을 짜는 것

┌ 3회가 시작할 때까지 만화를 방영한 시간을 구하려면 ┐
❶ 한 회 방영 시간을 방영한 횟수만큼 더하고

┌ 3회가 시작할 때까지 광고한 시간을 구하려면 ┐
❷ 광고 시간을 광고한 횟수만큼 더한다.

┌ 3회가 시작하는 시각을 구하려면 ┐
❸ (1회가 시작하는 시각)＋(❶에서 구한 시간)＋(❷에서 구한 시간)을 구한다.

문제 풀기

❶ (3회가 시작할 때까지 만화를 방영한 시간)
＝50분＋50분＝[   ]분＝1시간 [   ]분

❷ (3회가 시작할 때까지 광고한 시간)＝10분＋[   ]분＝[   ]분

❸ (3회가 시작하는 시각)＝오후 4시 20분＋1시간 [   ]분＋[   ]분

＝오후 [   ]시 [   ]분

답 _____

문해력 레벨업

1회가 시작하여 3회가 시작할 때까지를 시간의 순서에 따라 나타내 보자.

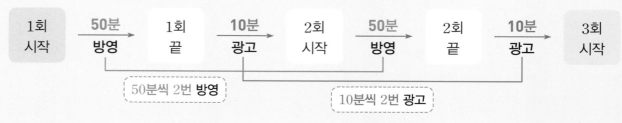

➡ **1회가 시작하는 시각** ＋ **50분씩 2번** ＋ **10분씩 2번** ＝ **3회가 시작하는 시각**

• 정답과 해설 **24쪽**

🎓 복습책 36쪽에 유사, 심화문제 제공

• 정답과 해설 **24쪽**

🎓 복습책 36쪽에 유사, 심화문제 제공

쌍둥이 문제

6-1 축구는 전반전 경기와 후반전 경기를 45분씩 하고,/ 중간에 10분을 쉰다고 합니다./ 오후 4시 50분에 축구 경기를 시작했고,/ 추가 경기 시간이 없었다면/ 경기가 끝나는 시각은 오후 몇 시 몇 분인가요?

따라 풀기 **❶**

❷

❸

답 _____

문해력 레벨 1

6-2 태민이네 학교는 40분 동안 수업을 하고/ 10분씩 쉰다고 합니다./ 1교시 수업이 오전 8시 50분에 시작했다면/ 3교시 수업이 끝나는 시각은/ 오전 몇 시 몇 분인가요?

스스로 풀기 **❶**

❷

❸

답 _____

문해력 레벨 1

6-3 어느 지하철이 다음 역까지 가는 데 2분 30초가 걸리고,/ 역에 도착하면 40초씩*정차한다고 합니다./ 이 지하철이 오전 6시 20분에 첫 번째 역에서 출발했다면/ 다섯 번째 역에 도착한 시각은/ 오전 몇 시 몇 분인가요?

스스로 풀기 **❶** 다섯 번째 역에 도착할 때까지 지하철이 이동한 시간을 구한다.

문해력 어휘 📖
정차: 차를 멈춤.

❷ 다섯 번째 역에 도착할 때까지 지하철이 정차한 시간을 구한다.

❸ 다섯 번째 역에 도착한 시각을 구한다.

답 _____

수학 문해력 기르기

문해력 문제 7

호건이는 지난 토요일에 가족과 함께[※]메타버스 전시회에 가서/
2시간 24분 동안 구경했습니다./
전시회를 구경하는 동안/ 초바늘이 시계를 몇 바퀴 돌았는지 구하세요.
└─구하려는 것

해결 전략

초바늘이 시계를 한 바퀴 도는 데 1분이 걸리므로

❶ 구경한 시간인 **2시간 24분을 몇 분으로** 나타낸 후

❷ 위 ❶에서 나타낸 시간 동안
초바늘이 시계를 돈 횟수를 구한다.

📖 **문해력 백과**

메타버스: 현실 세계와 같은 소통이나 활동이 이루어지는 가상 세계

문제 풀기

❶ (전시회를 구경한 시간)=2시간 24분

= [   ]분＋24분

= [   ]분

1시간=60분

❷ 1분에 초바늘이 시계를 [ ]바퀴 돌므로

전시회를 구경한 시간인 [   ]분 동안에는
→❶에서 나타낸 시간

초바늘이 시계를 [   ]바퀴 돈다.

답 _____

문해력 레벨업

초바늘이 시계를 도는 횟수를 구하려면 주어진 시간을 분 단위로 바꾸자.

초바늘이 시계를 **1바퀴** 도는 데 걸리는 시간은 **60초＝1분**이다.

초바늘이 시계를 1분 동안 1바퀴,
2분 동안 2바퀴,
3분 동안 3바퀴, ... 돕니다.

아하~ 그럼
60분 동안에는 초바늘이
시계를 60바퀴나 도는구나.

쌍둥이 문제

7-1 제인이는 빙하에 관한*다큐멘터리를/ 3시간 10분 동안 시청했습니다./ 이 다큐멘터리를 시청하는 동안/ 초바늘이 시계를 몇 바퀴 돌았나요?

따라 풀기 ❶

> **문해력 백과** 📖
> 다큐멘터리: 실제로 있던 일을 사실적으로 담은 영상물

❷

답 _____

문해력 레벨 1

7-2 민기네 부모님은 지난주 토요일에 한라산*등반을 했습니다./ 오전 9시 20분에 출발하여/ 오전 11시 5분에 정상에 도착하였습니다./ 민기네 부모님이 한라산 등반을 하는 동안/ 초바늘이 시계를 몇 바퀴 돌았나요?

스스로 풀기 ❶

> **문해력 어휘** 📖
> 등반: 험한 산이나 높은 곳의 정상에 이르기 위하여 오름.

❷

답 _____

문해력 레벨 1

7-3 서윤이는 이천 도자기 마을에 가서 도자기 만들기 체험을 했습니다./ 도자기 만들기 체험은 오후 2시 10분에 시작하여/ 초바늘이 시계를 220바퀴 돌았을 때 끝났습니다./ 도자기 만들기 체험이 끝난 시각은/ 오후 몇 시 몇 분인가요?

스스로 풀기 ❶ 초바늘이 시계를 220바퀴 도는 데 몇 시간 몇 분이 걸리는지 구한다.

❷ 도자기 만들기 체험이 끝난 시각을 구한다.

답 _____

수학 문해력 기르기

관련 단원 길이와 시간

문해력 문제8

준휘의 방에 있는 시계는 고장이 나서/ 한 시간에 8초씩 빨라집니다./
준휘가 이 시계를 오늘 오전 8시에/ 정확하게 맞추어 놓았습니다./
9시간이 지난 후에/
이 시계는 오후 몇 시 몇 분 몇 초를 가리키는지 구하세요.
└─ 구하려는 것

해결 전략

❶ 오전 8시부터 9시간이 지난 후의 시각을 구하고

┌ 9시간 동안 빨라지는 시간을 구하려면 ┐
❷ (한 시간에 빨라지는 시간)×9를 구한다.

┌ 9시간 후에 시계가 가리키는 시각을 구하려면 ┐
❸ (❶에서 구한 시각) ◯ (9시간 동안 빨라지는 시간)을 구한다.
└─ +, −, ×, ÷ 중 알맞은 것 쓰기   └ ❷에서 구한 시간

문제 풀기

❶ 오전 8시부터 9시간 후는 오후 ☐ 시이다.

❷ (9시간 동안 빨라지는 시간)

= 8 × ☐ = ☐ (초) ➡ 1분 ☐ 초

❸ (9시간 후에 시계가 가리키는 시각)

= 오후 ☐ 시 + 1분 ☐ 초 = 오후 ☐ 시 ☐ 분 ☐ 초

답 _____

문해력 레벨업

정확한 시각에 빨라지는 시간은 더하고, 느려지는 시간은 빼서 구하자.

예 **10분 빠른 시계**는 **7시** 정각에
7시 + 10분 = 7시 10분을 가리킨다.

정확한 시계   10분 빠른 시계

예 **10분 느린 시계**는 **7시** 정각에
7시 − 10분 = 6시 50분을 가리킨다.

정확한 시계   10분 느린 시계

8-1 예건이의 손목시계는 고장이 나서/ 한 시간에 6초씩 느려집니다./ 예건이가 이 시계를 오늘 오후 10시 30분에/ 정확하게 맞추어 놓았습니다./ 11시간이 지난 후에/ 이 시계는 오전 몇 시 몇 분 몇 초를 가리키나요?

따라 풀기 ❶

❷

❸

답 _____

문해력 레벨 1

8-2 오른쪽 시계는 하루에 9초씩 빨라집니다./ 이 시계를 10월 4일 오전 11시에/ 정확하게 맞추어 놓았습니다./ 10월 13일 오전 11시에/ 이 시계가 나타내는 시각은 오전 몇 시 몇 분 몇 초인가요?

스스로 풀기 ❶ 시계를 정확히 맞춘 때부터 10월 13일 오전 11시까지의 날수를 구한다.

❷ 위 ❶에서 구한 기간 동안 빨라지는 시간을 구한다.

❸ 10월 13일 오전 11시에 시계가 나타내는 시각을 구한다.

답 _____

수학 문해력 완성하기

관련 단원 길이와 시간

준우가 요리를 시작한 시각을/ |보기|와 같은 방법으로 나타내었더니 210이었습니다./ 준우가 요리를 오후 6시 이후에 시작하여/ 오후 7시 20분에 끝냈다면/ 준우가 요리를 하는 데 걸린 시간은/ 몇 분인지 구하세요.

|보기|

'시' 부분의 수와 '분' 부분의 수의 곱으로 나타냅니다.

2:00	6:05	8:30
↓	↓	↓
$2 \times 0 = 0$	$6 \times 5 = 30$	$8 \times 30 = 240$

해결 전략

① 요리를 시작한 시각은 **오후 6시와 오후 7시 20분 사이**이다.
└ 오후 6시 ○○분, 오후 7시 ○○분이 될 수 있다.

② 요리를 시작한 시각은 끝낸 시각인 **7시 20분**보다 빠른 시각입니다.

※ 20년 상반기 21번 기출 유형

문제 풀기

❶ 시작한 시각의 '시' 부분에 올 수 있는 숫자 알아보기

오후 6시 이후부터 7시 20분 이전의 시각이므로 '시' 부분에는 ☐과 ☐만 올 수 있다.

❷ |보기|의 방법으로 나타낸 수가 210임을 이용하여 시작한 시각 구하기

• $6 \times$ ('분' 부분) $= 210$이면 ('분' 부분) $=$ ☐이므로 오후 6시 ☐분

• $7 \times$ ('분' 부분) $= 210$이면 ('분' 부분) $=$ ☐이므로 오후 7시 ☐분

➡ 끝낸 시각이 7시 20분이므로 시작한 시각은 오후 ☐시 ☐분이다.

❸ 요리를 하는 데 걸린 시간 구하기

답 _____

🔺 복습책 39~40쪽에 유사, 심화문제 제공

─── 관련 단원 길이와 시간

기출 2 그림과 같이 직선인 길을 따라/ ㉮에서 출발하여 ㉣까지/ 7 km 210 m를 간 다음/ ㉯로 되돌아오고,/ 다시 ㉯에서 출발하여 ㉱까지/ 4 km 890 m를 간 다음/ ㉰로 되돌아왔습니다/. 이동한 거리가 모두 17 km 850 m라면/ ㉰에서 ㉣까지의 거리는 몇 m인지 구하세요.

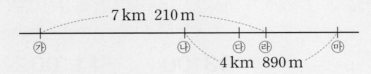

해결 전략

• 각 구간의 거리를 기호로 나타내 이동한 거리를 각각 식으로 써 보자.

※16년 하반기 22번 기출 유형

문제 풀기

❶ **해결 전략** 의 그림을 이용하여 간 거리를 나타내는 식 각각 쓰기

㉮에서 ㉣까지 간 거리: ㉠＋㉡＋☐＝7 km 210 m

㉯에서 ㉱까지 간 거리: ㉡＋☐＋㉣＝4 km ☐ m

❷ **해결 전략** 의 그림을 이용하여 이동한 전체 거리를 나타내는 식 쓰기

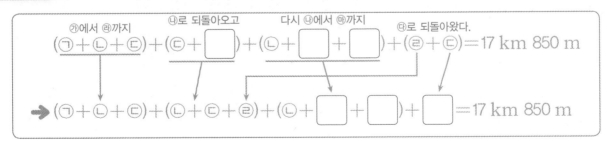

❸ 위 ❷의 둘째 줄의 식에 ❶에서 나타낸 식의 값을 넣어 ㉢의 값 구하기

┌─➤ ㉰에서 ㉣까지의 거리
7 km 210 m＋4 km 890 m＋☐ km ☐ m＋㉢＝17 km 850 m

➤ ㉢＝

답 ─────────────

5 일 수학 문해력 완성하기

관련 단원 길이와 시간

융합 3 다음과 같이 서울 시각은 런던 시각보다 8시간 더 빠릅니다./ 혜솔이는 런던 시각으로/ 10월 1일 오후 6시 30분에 시작하는/ 영국 프리미어 리그 축구 경기를 보려고 합니다./ 혜솔이가 서울 시각으로/ 10월 1일 오후 9시에 잠들었다가 경기 시작 시각에 잠에서 깼습니다./ 혜솔이가 잠을 잔 시간은/ 몇 시간 몇 분인지 구하세요.

런던	서울
오전 **03:00**	오전 **11:00**
10월 1일 토요일	10월 1일 토요일

해결 전략

잠이 든 시각	잠을 잔 시간	잠에서 깬 시각
서울 시각: 10월 1일 오후 9시	⟷ □시간 □분	런던 시각: 10월 1일 오후 6시 30분 서울 시각: ?

런던과 서울의 시차를 이용하여 먼저 잠에서 깬 시각을 서울 시각으로 구하자.

문제 풀기

❶ 혜솔이가 잠에서 깬 시각을 서울 시각으로 구하기

(서울 시각으로 잠에서 깬 시각)＝(런던 시각으로 잠에서 깬 시각)＋(시차)

＝

❷ 혜솔이가 잠을 잔 시간 구하기

(잠을 잔 시간)＝(서울 시각으로 잠에서 깬 시각)－(서울 시각으로 잠이 든 시각)

＝

답 ＿＿＿＿＿＿＿＿＿＿

4주 **118**

관련 단원 길이와 시간

창의 **4** 오른쪽 그림을 보고/ 유나가 집에서 출발하여/ 편의점을 지나/ 병원까지 가려면/ 적어도 몇 km 몇 m를/ 걸어야 하는지 구하세요.

해결 전략

· 적어도 ~를 걸어야 하는지 구하려면 가장 짧은 거리를 구하자.

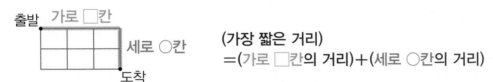

(가장 짧은 거리)
=(가로 □칸의 거리)+(세로 ○칸의 거리)

문제 풀기

❶ 집에서 편의점까지 가려면 적어도 몇 km 몇 m를 걸어야 하는지 구하기

적어도 500 m씩 ☐칸, 400 m씩 ☐칸을 걸어야 한다.

➡ (걷는 거리)=

❷ 편의점에서 병원까지 가려면 적어도 몇 km 몇 m를 걸어야 하는지 구하기

적어도 500 m씩 ☐칸, 400 m씩 ☐칸을 걸어야 한다.

➡ (걷는 거리)=

❸ 집에서 편의점을 지나 병원까지 가려면 적어도 몇 km 몇 m를 걸어야 하는지 구하기

(❶에서 구한 거리)+(❷에서 구한 거리)=

답 _____

수학 문해력 평가하기

문제를 읽고 조건을 표시하면서 풀어 봅니다.

100쪽 문해력 1

1 시안이는 학교에서 오후 2시 25분부터 1시간 5분 동안 축구를 하고 나서 바로 16분 30초 동안 자전거를 타고 집으로 돌아왔습니다. 시안이가 집에 도착한 시각은 오후 몇 시 몇 분 몇 초인가요?

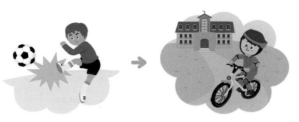

풀이

답 _____

104쪽 문해력 3

2 찬형이는 아버지와 함께 서울에서 부산에 가려고 버스를 탔습니다. 서울에서 오전 10시 50분에 출발하여 부산에 오후 3시 24분에 도착하였습니다. 찬형이가 서울에서 부산까지 가는 데 걸린 시간은 몇 시간 몇 분인가요?

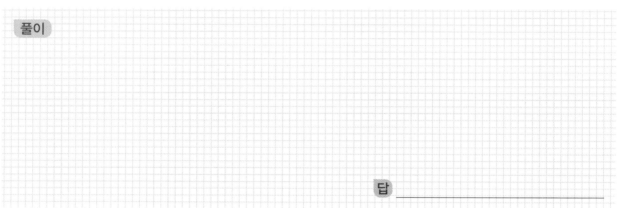

서울에서 출발 — 오전 10:50

부산에 도착 — 오후 3:24

풀이

답 _____

108쪽 문해력 5

3 민주와 채아가 같은 곳에서 서로 같은 방향으로 동시에 출발하여 일직선으로 걸었습니다. 민주는 1700 m를 갔고, 채아는 3 km 100 m를 갔습니다. 지금 두 사람 사이의 거리는 몇 km 몇 m인가요?

그림 그리기

풀이

답 _____

112쪽 문해력 7

4 나은이는 친구들과 함께 로봇 박람회에 가서 1시간 52분 동안 구경을 했습니다. 박람회에 가서 구경을 하는 동안 초바늘이 시계를 몇 바퀴 돌았나요?

풀이

답 _____

102쪽 문해력 2

5 예준이네 가족은 골목길 청소를 150분 동안 했습니다. 골목길 청소를 오후 5시 10분에 끝냈다면 예준이네 가족이 골목길 청소를 시작한 시각은 오후 몇 시 몇 분인가요?

풀이

답 _____

106쪽 문해력 4

6 어느 날 서울에서 해가 뜬 시각은 오전 5시 12분 10초였고, 해가 진 시각은 오후 7시 55분 50초였습니다. 이날 서울의 낮의 길이는 몇 시간 몇 분 몇 초인가요?

출처: ⓒIconic Bestiary/shutterstock

풀이

답 _____

110쪽 문해력 6

7 ※럭비는 전반전 경기와 후반전 경기를 40분씩 하고, 중간에 10분을 쉰다고 합니다. 오후 6시 10분에 럭비 경기를 시작했고, 추가 경기 시간이 없었다면 경기가 끝나는 시각은 오후 몇 시 몇 분인가요?

풀이

답 _____

문해력 백과 🕮
럭비: 타원형의 공을 가지고 달리거나 차서 점수를 얻는 경기

108쪽 문해력 **5**

8 서우와 윤재가 원 모양의 공원 둘레를 따라 걷고 있습니다. 두 사람이 같은 곳에서 서로 반대 방향으로 동시에 출발하여 서우가 1800 m를 걷고, 윤재가 2 km 300 m를 걸었더니 두 사람이 처음으로 만났습니다. 이 공원 둘레의 길이는 몇 km 몇 m인가요?

그림 그리기

풀이

답 _____

112쪽 문해력 **7**

9 민준이는 어제 가족과 함께 야구장에 가서 야구 경기를 관람하였습니다. 야구 경기가 오후 4시 45분에 시작하여 오후 8시 12분에 끝났습니다. 야구 경기를 하는 동안 초바늘이 시계를 몇 바퀴 돌았나요?

풀이

답 _____

114쪽 문해력 **8**

10 소율이네 집의 거실에 걸려 있는 시계는 고장이 나서 한 시간에 25초씩 느려집니다. 이 시계를 오늘 오후 8시 20분에 정확하게 맞추어 놓았습니다. 7시간이 지난 후에 이 시계는 오전 몇 시 몇 분 몇 초를 가리키나요?

풀이

답 _____

MEMO

복습책

초등 문해력

독해가
힘이다

천재교육

그래서
밀크T가
필요한 겁니다

6학년

5학년

4학년

3학년

2학년

학년이 더− 높아질수록
꼭 필요한 공부법

더−잡아야 할 **공부습관**
더−올려야 할 **성적향상**
더−맞춰야 할 **1:1 맞춤학습**

학년별 맞춤 콘텐츠		수준별 국/영/수		1:1 맞춤학습
7세부터 6학년까지 차별화된 맞춤 학습 콘텐츠와 과목 전문강사의 동영상 강의	**+**	체계적인 학습으로 기본 개념부터 최고 수준까지 실력완성 및 공부습관 형성	**+**	1:1 밀착 관리선생님 1:1 AI 첨삭과외 1:1 맞춤학습 커리큘럼

www.milkt.co.kr │ **1577−1533**

우리 아이 공부습관,
무료체험 후 결정하세요!

1-2 유사 문제

1 ※철인3종경기에 참가한 사람은 725명입니다. 그중 178명이 첫 번째 종목인 수영에서 포기하고, 두 번째 종목인 사이클에서 다시 214명이 포기하였습니다. 사이클을 통과하여 마지막 종목인 마라톤을 한 사람은 몇 명인가요?

풀이

> **문해력 백과** 📖
> 철인3종경기: 수영, 사이클, 마라톤의 세 종목을 순서대로 이어서 하는 경기

답 _____

1-3 유사 문제

2 하윤이는 동생과 함께 편의점에 가서 2500원짜리 김밥 한 줄과 1600원짜리 컵라면 2개를 사고 6000원을 냈습니다. 받아야 할 거스름돈은 얼마인가요?

풀이

답 _____

문해력 레벨 3

3 서울역에서 부산역까지 가는 KTX 열차가 있습니다. 서울역에서 이 열차에 남자 221명, 여자 175명이 타서 자리에 앉았습니다. 다음 역인 광명역에서 남자 152명, 여자 140명이 더 타서 자리에 앉았습니다. 열차의 승객 좌석이 모두 965석이라면 지금 빈 좌석은 몇 석인가요?

풀이

답 _____

2-1 유사 문제

4 학교 앞 어느 분식집에서 판매한 어묵꼬치와 떡꼬치의 수입니다. 어묵꼬치와 떡꼬치 중 더 많이 팔린 것은 무엇인가요?

	어묵꼬치	떡꼬치
어제	147개	184개
오늘	206개	178개

풀이

답 _____

2-2 유사 문제

5 어느 과수원에서 사과 816개와 배 735개를 수확했습니다. 그중 사과 550개와 배 458개를 판매하였다면 사과와 배 중 어느 것이 더 많이 남았나요?

풀이

답 _____

2-3 유사 문제

6 미술관에 오늘 오전에 입장한 사람 중 어른은 240명, 어린이는 327명이고, 오후에 입장한 사람 중 어른은 358명, 어린이는 319명입니다. 오늘 하루 어른과 어린이 중 누가 몇 명 더 많이 입장했는지 차례로 쓰세요.

풀이

답 _____, _____

3-1 유사 문제

1 어느 도매 시장의 포도 판매량을 조사해 보았습니다. 그저께는 어제보다 234상자 더 적게 판매하였고, 오늘은 어제보다 658상자 더 많이 판매하였습니다. 그저께는 오늘보다 포도 판매량이 몇 상자 더 적었나요?

풀이

답 _____

3-2 유사 문제

2 어떤 수 ㉠은 세 자리 수입니다. ㉠보다 359만큼 더 큰 수를 ㉡이라 하고, ㉠보다 816만큼 더 큰 수를 ㉢이라고 할 때 ㉢은 ㉡보다 얼마만큼 더 큰 수인가요?

풀이

답 _____

문해력 레벨 **3**

3 민서, 윤재, 로운, 시안이는 건강 걷기대회에 참가하였습니다. 민서는 윤재보다 128 m 앞에서 걷고 있고, 시안이는 윤재보다 451 m 뒤에서 걷고 있습니다. 로운이는 시안이보다 197 m 앞에서 걷고 있다면 민서는 로운이보다 몇 m 앞에서 걷고 있나요?

풀이

답 _____

4-1 유사 문제

4 설명회에 참석한 사람 385명이 입구에 놓여 있는 펜을 가지고 자리에 앉았습니다. 검은색 펜을 가진 사람은 253명이고, 파란색 펜을 가진 사람은 278명입니다. 검은색 펜도 파란색 펜도 가지지 않은 사람이 한 명도 없을 때, 두 펜을 모두 가진 사람은 몇 명인가요?

풀이

답 _____

4-2 유사 문제

5 서진이네 학교 학생 중 치킨을 좋아하는 학생은 176명이고, 피자를 좋아하는 학생은 229명입니다. 치킨과 피자를 모두 좋아하는 학생은 124명이고, 치킨도 피자도 좋아하지 않는 학생은 한 명도 없다고 합니다. 서진이네 학교 학생은 모두 몇 명인가요?

풀이

답 _____

문해력 레벨 2

6 놀이공원에 750명이 입장하여 여러 놀이 기구를 타고 있습니다. 바이킹을 탄 사람은 265명이고, 롤러코스터를 탄 사람은 289명입니다. 바이킹도 롤러코스터도 타지 않은 사람이 314명일 때, 바이킹과 롤러코스터를 모두 탄 사람은 몇 명인가요?

그림 그리기

풀이

답 _____

5-1 유사 문제

1 재용이가 생각한 수에 245를 더했더니 862가 되었습니다. 재용이가 생각한 수에서 425를 빼면 태희가 생각한 수가 될 때, 태희가 생각한 수는 얼마인가요?

풀이

답 _____

5-2 유사 문제

2 만두 공장에서 만든 만두 중 1230개를 포장하려고 합니다. 그런데 개수를 잘못 세어 1320개를 포장하였더니 만두가 180개 남았습니다. 바르게 포장한다면 남는 만두는 몇 개인가요?

풀이

답 _____

5-3 유사 문제

3 어떤 수 ㉠에 543을 더해야 할 것을 계산 과정에서 실수를 하여 ㉠의 백의 자리 숫자와 십의 자리 숫자를 바꾼 수에 543을 더했더니 921이 되었습니다. 바르게 계산하면 얼마인가요?

풀이

답 _____

6-1 유사 문제

4 혜솔이는 아빠와 함께 볼링을 쳤습니다. 혜솔이와 아빠의 볼링 점수의 합은 275점이고, 혜솔이의 점수가 아빠의 점수보다 111점 더 낮습니다. 아빠의 점수는 몇 점인가요?

풀이

답 _____

6-2 유사 문제

5 시우가 수학 문제집을 펼쳤을 때 나온 두 쪽수를 더했더니 269였습니다. 나온 두 쪽수는 각각 몇 쪽인가요?

풀이

답 _____, _____

6-3 유사 문제

6 과수원에서 복숭아와 자두를 땄습니다. 오늘 하루 딴 복숭아와 자두는 모두 705개이고 자두를 복숭아보다 165개 더 많이 땄습니다. 딴 복숭아를 모두 한 상자에 10개씩 담아 포장한다면 몇 상자가 되나요?

풀이

답 _____

4일 복습

7-1 유사 문제

1 워터파크에서는 안전을 위해 입장객에게 구명조끼를 빌려줍니다. 구명조끼※대여소에서 입장객들이 구명조끼 445개를 빌려 가고, 다시 283개를 반납했더니 592개가 되었습니다. 처음 대여소에 있던 구명조끼는 몇 개인가요?

풀이

> **문해력 어휘** 〽
> 대여소: 필요한 물건을 빌려주는 곳

답 _____

7-2 유사 문제

2 예준이는 돼지 저금통에 저금을 합니다. 어제 550원을 저금하고, 오늘 700원을 저금했더니 저금통에 들어 있는 돈이 모두 4280원이 되었습니다. 어제 저금하기 전에 저금통에 들어 있던 돈은 얼마인가요?

풀이

답 _____

문해력 레벨 3

3 다음을 읽고 소민이네 학교 남학생은 몇 명인지 구하세요.

> • 소민이네 학교 남학생 수와 여학생 수는 같습니다.
> • 유주네 학교 학생 수는 소민이네 학교 학생 수보다 106명 더 많습니다.
> • 시현이네 학교 학생 수는 유주네 학교 학생 수보다 182명 더 적습니다.
> • 시현이네 학교 학생 수는 504명입니다.

풀이

답 _____

8-1 유사 문제

4 진서는 1800원, 언니는 3000원을 가지고 있었습니다. 언니가 진서에게 얼마를 주었더니 두 사람이 가지는 돈이 같게 되었습니다. 언니가 진서에게 준 돈은 얼마인가요?

풀이

답 _____

8-2 유사 문제

5 어느 도서관 ※본관에 책이 456권 있고, ※별관에 책이 388권 있었습니다. 본관의 일부를 공사하기 위해 본관에서 별관으로 책을 몇 권 옮겼더니 별관의 책 수가 본관의 책 수의 3배가 되었습니다. 본관에서 별관으로 몇 권의 책을 옮겼나요?

풀이

문해력 어휘 📖
본관: 주가 되는 건물
별관: 본관 외에 따로
지은 건물

답 _____

문해력 레벨 2

6 윤호네 학교 3학년 학생들이 밤을 주웠습니다. 1반이 주운 밤은 489개이고, 2반이 주운 밤은 395개입니다. 1반이 주운 밤 중 몇 개를 2반에게 주었더니 1반의 밤의 수가 2반보다 96개 더 적었습니다. 1반이 2반에게 준 밤은 몇 개인가요?

풀이

답 _____

기출1 유사 문제

1 그림에서 세 원을 각각 가, 나, 다라고 할 때 한 원 안에 있는 네 수의 합은 모두 같습니다. ㉡에 알맞은 수는 얼마인가요?

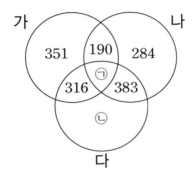

풀이

답 _____

기출 변형

2 그림에서 세 원을 각각 A, B, C라고 할 때 한 원 안에 있는 네 수의 합은 모두 같습니다. 색칠한 부분에 알맞은 수는 얼마인가요?

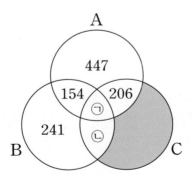

풀이

답 _____

기출2 **유사 문제**

3 0부터 8까지 서로 다른 수가 적힌 6장의 카드가 있습니다. 이 중 3장을 골라 한 번씩만 사용하여 세 자리 수를 만들려고 합니다. 만들 수 있는 가장 큰 세 자리 수와 가장 작은 세 자리 수의 차가 771일 때 ㉠이 될 수 있는 수 중 가장 큰 수를 구하세요.

| 4 | 1 | 0 | ㉠ | 8 | 7 |

풀이

답 _____

기출 **변형**

4 1부터 9까지 서로 다른 수가 적힌 6장의 카드가 있습니다. 이 중 3장을 골라 한 번씩만 사용하여 세 자리 수를 만들려고 합니다. 만들 수 있는 가장 큰 세 자리 수와 가장 작은 세 자리 수의 차가 753일 때 ㉠을 구하세요.

| 3 | ㉠ | 4 | 8 | 9 | 7 |

풀이

답 _____

1-2 유사 문제

1 연수네 어머니는 감자 50개를 샀는데 그중 5개가 썩어서 버렸습니다. 남은 감자를 모두 삶아서 9명이 똑같이 나누어 먹었다면 한 사람이 먹은 감자는 몇 개인가요?

풀이

답 _____

1-3 유사 문제

2 민재와 친구들이 *투호를 하려고 합니다. 8개씩 묶여 있는 화살 5묶음 중에서 4개를 민재가 던지고, 남은 화살을 친구 6명이 똑같이 나누어 던졌습니다. 친구 한 명이 던진 화살은 몇 개인가요?

풀이

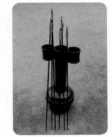

문해력 백과 📖
투호: 화살을 던져 병 속에 많이 넣는 것으로 승부를 가리는 놀이

답 _____

문해력 레벨 **3**

3 운동장에 남학생은 한 줄에 4명씩 9줄로 서 있고, 여학생은 한 줄에 7명씩 4줄로 서 있습니다. 이 학생들이 한 줄에 8명씩 다시 줄을 선다면 몇 줄이 되나요?

풀이

답 _____

2-1 유사 문제

4 마당에서 놀고 있는 오리와 고양이의 전체 다리 수를 세어 보니 오리의 다리가 16개, 고양이의 다리가 20개였습니다. 마당에서 놀고 있는 오리와 고양이는 모두 몇 마리인가요?

풀이

답 _____

2-2 유사 문제

5 어머니가 참치 김밥 21줄과 치즈 김밥 18줄을 만들었습니다. 참치 김밥은 통 한 개에 3줄씩 담고, 치즈 김밥은 통 한 개에 2줄씩 담았습니다. 참치 김밥과 치즈 김밥 중 어느 것을 담은 통이 몇 개 더 많은지 차례로 쓰세요.

풀이

답 _____, _____

2-3 유사 문제

6 윤재네 학교 남학생 40명과 여학생 몇 명이 체험 학습을 갔습니다. 승합차 한 대에 남학생 5명, 여학생 3명씩 탔더니 남는 사람 없이 딱 맞게 승합차 여러 대에 나누어 탈 수 있었습니다. 체험 학습을 간 남학생은 여학생보다 몇 명 더 많은가요?

풀이

답 _____

3-1 유사 문제

1 만두 공장에서[※]달인이 만두 4개를 빚는 데 20초가 걸립니다. 만두 한 개를 빚는 시간이 일정하다면 달인이 쉬지 않고 만두 7개를 빚는 데 몇 초가 걸리나요? (단, 달인은 만두를 한 번에 1개씩 빚습니다.)

풀이

> **문해력 어휘 📖**
> 달인: 보통 사람과 다르게 어떤 일을 해내는 힘이 뛰어난 사람

답 _____

3-2 유사 문제

2 시은이와 엄마는 오븐에 쿠키를 굽고 있습니다. 오븐에 쿠키를 한 번에 6개씩 구울 수 있고, 한 번 굽는 데 20분이 걸립니다. 이 오븐에 쿠키 54개를 구우려면 몇 분이 걸리나요? (단, 오븐이 작동을 멈춘 시간은 생각하지 않습니다.)

풀이

답 _____

3-3 유사 문제

3 서울 지하철 5호선 노선도의 일부분입니다. 김포공항역에서 까치산역까지 가는 데 18분이 걸리고, 역과 역 사이 한 구간을 가는 데 걸리는 시간이 모두 똑같다고 할 때, 신정역에서 영등포구청역까지 가는 데 몇 분이 걸리나요? (단, 지하철이 역에 멈춰 있는 시간은 생각하지 않습니다.)

| 개화산 | 김포공항 | 송정 | 마곡 | 발산 | 우장산 | 화곡 | 까치산 | 신정 | 목동 | 오목교 | 양평 | 영등포구청 | 영등포시장 |

풀이

답 _____

4-1 유사 문제

4 수민이가 만든 머리핀을 봉지 몇 개에 담아 포장하려고 합니다. 봉지 한 개당 머리핀을 5개씩 담으면 딱 맞고, 머리핀을 7개씩 담으려면 12개가 부족하다고 합니다. 봉지는 몇 개인가요?

풀이

답 _____

4-2 유사 문제

5 하윤이가 연산 문제집을 풀려고 합니다. 연산 문제집을 하루에 6쪽씩 풀면 36쪽이 남고, 하루에 10쪽씩 풀면 딱 맞다고 합니다. 연산 문제집을 푸는 날수는 며칠인가요?

풀이

답 _____

문해력 레벨 **2**

6 민서네 모둠 친구들은 꽃을 사려고 천 원짜리 지폐를 모으고 있습니다. 천 원짜리 지폐를 한 사람이 2장씩 내면 9장이 부족하고, 한 사람이 5장씩 내면 6장이 남습니다. 민서네 모둠 친구들은 몇 명인가요?

풀이

답 _____

5-1 유사 문제

1 음료수 한 병을 사서 소율이가 전체의 $\frac{3}{10}$을 마시고, 예린이가 전체의 $\frac{2}{10}$를 마셨습니다. 소율이와 예린이가 마시고 남은 음료수를 모두 시안이가 마셨을 때 소율, 예린, 시안이 중 누가 음료수를 가장 많이 마셨는지 구하세요.

풀이

답 _____

5-2 유사 문제

2 도현이는 똑같은 의자 몇 개에 페인트를 칠하려고 합니다. 어제는 전체 의자의 $\frac{1}{6}$만큼을 칠하고, 오늘은 전체 의자의 $\frac{3}{6}$만큼을 칠했습니다. 페인트를 칠한 의자는 남은 의자의 몇 배인가요?

풀이

답 _____

5-3 유사 문제

3 스승의 날에 선생님께 꽃다발을 드리기 위해 연지네 반 학생 25명이 꽃을 한 송이씩 만들었습니다. 만든 꽃 중 노란색 꽃은 전체의 $\frac{8}{25}$이고, 분홍색 꽃은 10송이입니다. 나머지 꽃이 모두 보라색이라면 노란색, 분홍색, 보라색 중 어느 색 꽃이 가장 적은지 구하세요.

풀이

답 _____

6-1 유사 문제

4 세호는 캐릭터 카드를 10장 사서 그중 3장을 동생에게 주고, 동생에게 주고 남은 캐릭터 카드의 $\frac{2}{7}$를 형에게 주었습니다. 세호가 동생과 형에게 주고 남은 캐릭터 카드는 몇 장인가요?

풀이

답 _____

6-2 유사 문제

5 나은이와 서우는 가위바위보를 9번 했습니다. 그중 3번을 나은이가 이기고, 나머지의 $\frac{4}{6}$는 비겼습니다. 가위바위보를 해서 서우가 이긴 횟수는 전체 횟수의 얼마인지 분수로 나타내 보세요.

풀이

답 _____

문해력 레벨 **2**

6 어느 농장에서 기르는 돼지, 타조, 양의 다리 수를 세어 보니 모두 48개였습니다. 돼지는 7마리이고, 돼지를 뺀 나머지 다리 수의 $\frac{12}{20}$만큼이 타조의 다리 수일 때 양은 몇 마리인가요?

풀이

답 _____

7-1 유사 문제

1 현우네 학교 학생들이 동물원에 가려고 똑같은 버스 3대에 나누어 탔습니다. 1호 버스에는 전체 좌석의 $\frac{7}{10}$만큼, 2호 버스에는 전체 좌석의 0.6만큼, 3호 버스에는 전체 좌석의 0.8만큼에 학생들이 앉았습니다. 1호, 2호, 3호 중 가장 많은 학생이 탄 버스는 몇 호인가요?

풀이

답 _____

7-2 유사 문제

2 반별로 안경을 낀 학생 수를 조사하였습니다. 1반은 전체의 $\frac{4}{10}$만큼, 2반은 전체의 0.2만큼, 3반은 전체의 $\frac{5}{10}$만큼 안경을 꼈습니다. 1, 2, 3반의 학생 수가 같을 때, 안경을 끼지 않은 학생이 가장 많은 반은 어느 반인가요?

풀이

답 _____

문해력 레벨 3

3 서아, 윤우, 시현이가 달리기 대회에 참가하여 세 명이 동시에 출발하였습니다. 지금까지 서아는 전체의 $\frac{7}{8}$만큼, 윤우는 전체의 $\frac{4}{5}$만큼, 시현이는 전체의 $\frac{5}{6}$만큼 달렸습니다. 지금 세 명 중 가장 앞에서 달리고 있는 사람은 누구인가요?

풀이

가장 앞에서 달리는 사람은 남은 거리가 가장 적은 사람이야.

답 _____

8-2 유사 문제

4 지원이가 가지고 있는 양말의 $\frac{1}{6}$만큼은 노란색입니다. 노란색 양말이 16켤레일 때 지원이가 가지고 있는 양말은 모두 몇 켤레인가요?

풀이

답 _____

8-3 유사 문제

5 대형 마트에서 똑같은 피자를 팔고 있습니다. 처음에 있던 피자의 $\frac{8}{9}$만큼을 팔았더니 50판이 남았습니다. 처음 대형 마트에 있던 피자는 몇 판인가요? (단, 피자는 판으로만 판매합니다.)

풀이

답 _____

문해력 레벨 **3**

6 대한이는 호수 둘레를 따라 걷고 있습니다. 일정한 빠르기로 호수 둘레의 $\frac{6}{15}$만큼 걷는 데 12분이 걸렸습니다. 같은 빠르기로 호수 둘레를 한 바퀴 걷는 데 걸리는 시간은 몇 분인가요?

풀이

답 _____

유사 문제

1 |보기|와 같이 〈㉮〉는 ㉮를 6으로 나누었을 때의 몫이라고 약속할 때, 다음을 계산하면 얼마인 가요?

| 보기 |

$$\langle 18 \rangle \;\Rightarrow\; 18 \div 6 = 3 \;\Rightarrow\; \langle 18 \rangle = 3$$

$$\langle 12 \rangle + \langle 30 \rangle + \langle 36 \rangle + \langle 48 \rangle$$

풀이

답 _____

기출 변형

2 |보기|와 같이 〈A〉는 A를 9로 나누었을 때의 몫이라고 약속할 때, 다음을 계산하면 얼마인 가요?

| 보기 |

$$\langle 36 \rangle \;\Rightarrow\; 36 \div 9 = 4 \;\Rightarrow\; \langle 36 \rangle = 4$$

$$\langle 72 \rangle - \langle 45 \rangle + \langle 27 \rangle$$

풀이

답 _____

기출 2 | 유사 문제

3 같은 기호는 같은 수를 나타냅니다. ㉠의 값은 얼마인가요?

> - ㉠＋㉡＝24
> - ㉠÷㉡＝3

풀이

답 _____

기출 | 변형

4 ◎와 ◇의 차는 35이고, ◎를 ◇로 나눈 몫은 6입니다. 같은 모양은 같은 수를 나타낼 때 ◎의 값은 얼마인가요?

풀이

답 _____

1-1 유사 문제

1 어느 공장에서 제품을 1분에 5개씩 포장하고 있습니다. 이 공장에서 1시간 12분 동안 포장한 제품은 모두 몇 개인가요?

풀이

답 _____

1-2 유사 문제

2 혜윤이는 11월과 12월 두 달 동안 매일 팔찌를 만들었습니다. 팔찌를 11월에는 하루에 2개씩, 12월에는 하루에 5개씩 만들었습니다. 두 달 동안 혜윤이가 만든 팔찌는 모두 몇 개인가요?

풀이

답 _____

1-3 유사 문제

3 민주는 3주일 동안 매일 3시간씩 색종이로 꽃을 만들었습니다. 한 시간에 꽃을 2송이씩 만들었다면 민주가 만든 꽃은 모두 몇 송이인가요?

풀이

답 _____

2-1 유사 문제

4 어느 장난감 공장에서 3시간 동안 62개의 장난감을 만들어 낸다고 합니다. 이 공장에서 하루 동안 쉬지 않고 만들 수 있는 장난감은 몇 개인가요?

풀이

답 _____

2-2 유사 문제

5 선경이네 집에 있는 솜사탕 기계는 40분 동안 솜사탕 24개를 만들 수 있다고 합니다. 이 솜사탕 기계를 쉼 없이 작동시킬 때 3시간 20분 동안 만들 수 있는 솜사탕은 몇 개인가요?

풀이

답 _____

2-3 유사 문제

6 하루에 7시간씩 토요일과 일요일에만 장사를 하는※푸드 트럭이 있습니다. 이 푸드 트럭에서 4시간 동안 60개의 햄버거가 팔렸다고 할 때 2주일 동안 팔린 햄버거는 몇 개인가요?

풀이

📖 문해력 어휘

푸드 트럭: 길거리에서 음식이나 음료 등을 만들어 파는 트럭

답 _____

3-1 유사 문제

1 자동차와 오토바이가 같은 곳에서 서로 같은 방향으로 동시에 출발했습니다. 자동차는 1분에 83 m씩, 오토바이는 1분에 97 m씩 가는 빠르기로 일직선인 길을 따라 움직였습니다. 8분 후 자동차와 오토바이 사이의 거리는 몇 m인가요?

풀이

답 _____

3-2 유사 문제

2 토끼와 돼지가 같은 곳에서 서로 반대 방향으로 동시에 출발했습니다. 토끼는 1분에 58 m씩, 돼지는 1분에 24 m씩 가는 빠르기로 5분 동안 일직선인 길을 따라 움직였습니다. 지금 토끼와 돼지 사이의 거리는 몇 m인가요?

풀이

답 _____

3-3 유사 문제

3 윤정이와 진호가 같은 곳에서 서로 같은 방향으로 일직선인 길을 따라 걸으려고 합니다. 윤정이는 1분에 50 m씩, 진호는 1분에 70 m씩 가는 빠르기로 걸어갑니다. 윤정이가 먼저 출발하고 나서 4분 후에 진호가 출발했습니다. 윤정이가 출발한 지 9분 후에 두 사람 사이의 거리는 몇 m인가요?

풀이

답 _____

4-1 유사 문제

4 오른쪽과 같이 도로 양쪽에 처음부터 끝까지 8 m 간격으로 태극기를 달았습니다. 도로 양쪽에 단 태극기가 92개일 때 도로의 길이는 몇 m인가요? (단, 태극기의 두께는 생각하지 않습니다.)

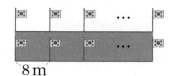

풀이

답 _____

4-2 유사 문제

5 오른쪽과 같이 원 모양 연못의 둘레를 따라 6 m 간격으로 가로등을 세웠습니다. 세운 가로등이 48개라면 연못의 둘레는 몇 m인가요? (단, 가로등의 두께는 생각하지 않습니다.)

풀이

답 _____

문해력 레벨 **2**

6 미술관 전시실의 한쪽 벽에 다음과 같이 가로가 60 cm인 작품이 95 cm 간격으로 걸려 있습니다. 걸려 있는 작품이 9개라면 벽의 가로 길이는 몇 cm인가요? (단, 벽의 처음과 끝에서 작품 사이의 간격은 각각 100 cm입니다.)

←100 cm→ 🖼 ←95 cm→ 🖼 ←95 cm→ 🖼 … 🖼 ←100 cm→
60 cm   60 cm   60 cm   60 cm

풀이

답 _____

5-1 유사 문제

1 유미네 채소 가게에서 상추를 한 봉지에 16장씩, 깻잎을 한 봉지에 25장씩 담아 팔고 있습니다. 상추 4봉지와 깻잎 6봉지가 있다면 상추와 깻잎은 모두 몇 장인가요?

풀이

답 _____

5-2 유사 문제

2 소희는 하루에 줄넘기를 46번씩, 소희 아버지는 68번씩 합니다. 줄넘기를 소희는 5일 동안 했고, 소희 아버지는 3일 동안 했다면 누가 줄넘기를 몇 번 더 많이 했는지 차례로 쓰세요.

풀이

답 _____ , _____

5-3 유사 문제

3 울타리 안에 오리 37마리와 염소 22마리가 있습니다. 이 중에서 오리 11마리와 염소 9마리가 울타리 밖으로 나왔다면 울타리 안에 남은 오리와 염소의 다리 수는 모두 몇 개인가요?

풀이

답 _____

6-1 유사 문제

4 수현이는 공원을 4바퀴 돌았습니다. 공원 한 바퀴를 도는 데 12분씩 걸렸고, 한 바퀴를 돌고 나면 5분씩 쉬었습니다. 수현이가 공원을 돌기 시작해서 4바퀴를 모두 돌 때까지 몇 분이 걸렸나요?

풀이

답 _____

6-2 유사 문제

5 어느 건물의 엘리베이터는 1층에서 4층까지 쉬지 않고 올라가는 데 48초가 걸립니다. 이 엘리베이터가 쉬지 않고 1층에서 9층까지 올라가는 데 몇 초가 걸리나요? (단, 엘리베이터는 일정한 빠르기로 올라갑니다.)

풀이

답 _____

6-3 유사 문제

6 굵기가 일정한 통나무를 7도막으로 잘랐습니다. 통나무를 한 번 자르는 데 14분씩 걸렸고, 한 번 자르고 나서 10분씩 쉬었습니다. 통나무를 자르기 시작해서 7도막으로 모두 자를 때까지 몇 분이 걸렸나요?

풀이

답 _____

7-1 유사 문제

1 53에 어떤 수를 곱하여 300보다 크면서 300에 가장 가까운 수를 만들었습니다. 어떤 수는 얼마인가요?

풀이

답 _____

7-2 유사 문제

2 보물찾기 게임에서 *보물쪽지를 한 개 찾을 때마다 16점을 얻습니다. 지금 점수가 0점일 때, 100점을 넘기려면 찾아야 하는 보물쪽지는 적어도 몇 개인가요?

풀이

> **문해력 어휘**
> 보물쪽지: 보물찾기에서 보물 이름이 적혀 있는 쪽지

답 _____

7-3 유사 문제

3 58에 어떤 수를 곱하여 500에 가장 가까운 수를 만들었습니다. 어떤 수는 얼마인가요?

풀이

답 _____

8-1 유사 문제

4 오징어의 다리는 10개이고, 문어의 다리는 8개입니다. 오징어와 문어를 모두 합하여 20마리가 있습니다. 오징어와 문어의 다리 수를 세어 보니 모두 176개이었습니다. 오징어와 문어는 각각 몇 마리인가요?

풀이

답 오징어: _____ , 문어: _____

8-2 유사 문제

5 코스모스의 꽃잎은 8장이고, 무궁화의 꽃잎은 5장입니다. 코스모스와 무궁화를 모두 합하여 35송이가 있습니다. 코스모스와 무궁화의 꽃잎 수를 세어 보니 모두 226장이었습니다. 코스모스와 무궁화는 각각 몇 송이인가요?

풀이

답 코스모스: _____ , 무궁화: _____

기출1 유사 문제

1 정해진 규칙에 따라 수를 적었습니다. ㉠과 ㉡의 곱을 구하세요.

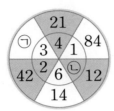

풀이

답 _____

기출 변형

2 정해진 규칙에 따라 수를 적었습니다. ㉠과 ㉡의 차를 구하세요.

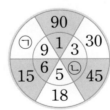

풀이

답 _____

기출2 유사 문제

3 6장의 수 카드 중에서 3장을 골라 ☐ 안에 한 번씩만 넣어 곱셈식의 곱이 가장 크게 되도록 만들었습니다. 만든 곱셈식의 곱을 구하세요.

| 3 | 6 | 8 | 0 | 5 | 1 | ➡ | ㉠ | ㉡ | × | ㉢ |

풀이

답 _____

기출 변형

4 6장의 수 카드 중에서 3장을 골라 ☐ 안에 한 번씩만 넣어 곱셈식의 곱이 가장 작게 되도록 만들었습니다. 만든 곱셈식의 곱을 구하세요.

| 7 | 2 | 3 | 5 | 9 | 6 | ➡ | ㉠ | ㉡ | × | ㉢ |

풀이

답 _____

1-1 유사 문제

1 도현이는 오후 2시 30분부터 1시간 50분 동안 대청소를 한 후, 쉬지 않고 바로 1시간 10분 동안 옷 정리를 했습니다. 옷 정리가 끝난 시각은 오후 몇 시 몇 분인가요?

풀이

답 _____

1-2 유사 문제

2 연우는 오전 10시 30분에 진태와 전화 통화를 하면서 1시간 10분 뒤에 문구점 앞에서 만나기로 약속하였습니다. 진태가 약속 시각보다 15분 더 늦게 문구점 앞에 도착했다면 진태가 도착한 시각은 오전 몇 시 몇 분인가요?

풀이

답 _____

1-3 유사 문제

3 초아, 민정, 신애는 같은 태권도장 친구입니다. 오늘 태권도장에 초아는 오후 4시 되기 20분 전에 도착했고, 민정이는 초아보다 13분 더 늦게 도착했습니다. 신애는 민정이보다 25분 더 빨리 도착했다면 신애가 태권도장에 도착한 시각은 오후 몇 시 몇 분인가요?

풀이

답 _____

2-1 유사 문제

4 세훈이는 게임을 80분 동안 했습니다. 게임을 끝낸 시각이 오후 5시 10분이라면 세훈이가 게임을 시작한 시각은 오후 몇 시 몇 분인가요?

풀이

답 _____

2-2 유사 문제

5 현준이는 운동장을 25분 동안 달린 후 15분을 쉬었다가 25분 동안 걸었습니다. 운동장 걷기를 마친 시각이 오전 11시 20분이라면 현준이가 운동장을 달리기 시작한 시각은 오전 몇 시 몇 분인가요?

풀이

답 _____

2-3 유사 문제

6 하율이와 언니는 미술관에 가서 1시간 15분 동안 관람한 후, 공원에 가서 1시간 5분 동안 산책을 하였습니다. 미술관에서 공원으로 이동한 시간이 30분이고, 산책을 끝낸 시각이 오후 8시 35분이라면 하율이와 언니가 미술관에 도착한 시각은 오후 몇 시 몇 분인가요?

풀이

답 _____

3-1 유사 문제

1 해수면이 가장 높은 때를 '만조', 가장 낮은 때를 '간조'라고 합니다. 어느 날 만조와 간조 시각이 오른쪽과 같았습니다. 이날의 만조와 간조 시각의 차이는 몇 시간 몇 분인가요?

만조(오전)　간조(오후)

풀이

답 _____

3-2 유사 문제

2 철인3종경기에 참가한 어떤 선수가 출발선에서 출발한 시각과 결승선에 도착한 시각이 오른쪽과 같았습니다. 이 선수가 경기를 완주하는 데 걸린 시간은 몇 시간 몇 분 몇 초인가요?

출발(오전)　도착(오후)

풀이

답 _____

3-3 유사 문제

3 세계 문화 박물관에서 진행하는 체험 활동의 오후 일정입니다. 체험 활동 사이에 쉬는 시간이 없을 때, 세계 옷 체험을 하는 시간은 몇 시간 몇 분인가요?

체험 활동	세계 음식 체험	세계 옷 체험	세계 건축 체험
시작 시각	1 : 30	3 : 45	5 : 15

풀이

답 _____

본책 107쪽의 유사 문제

4-1 유사 문제

4 어느 날 울릉도의 해돋이 시각은 오전 5시 19분이었고, 해넘이 시각은 오후 7시 12분이었습니다. 이날 울릉도의 낮의 길이는 몇 시간 몇 분인가요?

풀이

답 _____

4-2 유사 문제

5 어느 날 서울의 낮의 길이는 13시간 42분이었습니다. 이날 서울의 밤의 길이는 낮의 길이보다 몇 시간 몇 분 더 짧나요?

풀이

답 _____

4-3 유사 문제

6 어느 날 동해에서 해가 뜬 시각은 오전 6시 48분이었고, 해가 진 시각은 오후 5시 35분이었습니다. 이날 낮의 길이와 밤의 길이는 각각 몇 시간 몇 분인가요?

풀이

답 낮의 길이: _____, 밤의 길이: _____

5-1 유사 문제

1 효주와 수진이는 킥보드를 타고 같은 곳에서 서로 같은 방향으로 동시에 출발하여 일직선으로 움직였습니다. 효주는 1800 m를 갔고, 수진이는 3 km 300 m를 갔습니다. 지금 두 사람 사이의 거리는 몇 km 몇 m인가요?

그림 그리기

출발

풀이

답 _____

5-2 유사 문제

2 현중이와 미래가 원 모양의 호수 둘레를 따라 걸으려고 합니다. 두 사람이 같은 곳에서 서로 반대 방향으로 동시에 출발하여 현중이가 2600 m를 걷고, 미래가 2 km 900 m를 걸었더니 두 사람이 처음으로 만났습니다. 이 호수 둘레의 길이는 몇 km 몇 m인가요?

그림 그리기

출발

풀이

답 _____

문해력 레벨 **2**

3 경민이는 한 시간에 3 km 200 m를 걷고, 용찬이는 한 시간에 2700 m를 걷는다고 합니다. 두 사람이 8 km 떨어진 곳에서 동시에 출발하여 서로 마주 보며 한 시간 동안 일직선으로 걸었습니다. 지금 두 사람 사이의 거리는 몇 km 몇 m인가요?

그림 그리기

경민
출발

용찬
출발

풀이

답 _____

6-1 유사 문제

4 핸드볼은 두 팀이 손만 사용해서 공을 상대편 골대에 던져 넣어 얻은 점수를 겨누는 경기입니다. 핸드볼은 전반전 경기를 30분 동안 한 다음 10분을 쉬고, 다시 후반전 경기를 30분 동안 합니다. 오후 2시 35분에 핸드볼 경기를 시작했고, 추가 경기 시간이 없었다면 경기가 끝나는 시각은 오후 몇 시 몇 분인가요?

풀이

답 _____

6-2 유사 문제

5 혜지가 참여한 과학 교실은 45분 동안 수업을 하고 15분씩 쉰다고 합니다. 2교시 수업이 오전 9시 30분에 시작했다면 4교시 수업이 끝나는 시각은 오후 몇 시 몇 분인가요?

풀이

답 _____

6-3 유사 문제

6 어느 기차가 다음 역까지 가는 데 40분이 걸리고, 역에 도착하면 2분씩 정차한다고 합니다. 이 기차가 오전 8시 10분에 첫 번째 역에서 출발했다면 네 번째 역에 도착한 시각은 오전 몇 시 몇 분인가요?

풀이

답 _____

7-2 유사 문제

1 윤정이는 놀이공원에 오후 1시 30분에 입장하여 오후 4시 50분에 나왔습니다. 윤정이가 놀이공원에 있는 동안 초바늘이 시계를 몇 바퀴 돌았나요?

풀이

답 _____

7-3 유사 문제

2 준영이는 수학 숙제를 오후 7시 40분에 시작하여 초바늘이 시계를 95바퀴 돌았을 때 끝냈습니다. 수학 숙제를 끝낸 시각은 오후 몇 시 몇 분인가요?

풀이

답 _____

문해력 레벨 2

3 수현이는 갯벌에 가서 조개 잡이 체험을 했습니다. 조개 잡이 체험은 오후 3시 20분에 시작하여 초바늘이 시계를 130바퀴 돌았을 때 끝났습니다. 조개 잡이 체험을 끝내고 집에 도착하니 오후 8시 10분이었습니다. 집으로 오는 데 걸린 시간은 몇 시간 몇 분인가요?

풀이

답 _____

8-1 유사 문제

4 명훈이의 방에 있는 시계는 고장이 나서 한 시간에 7초씩 느려집니다. 명훈이가 이 시계를 오늘 오후 6시 40분에 정확하게 맞추어 놓았습니다. 10시간이 지난 후에 이 시계는 오전 몇 시 몇 분 몇 초를 가리키나요?

풀이

답 _____

8-2 유사 문제

5 오른쪽 시계는 하루에 5초씩 빨라집니다. 이 시계를 7월 15일 오전 9시에 정확하게 맞추어 놓았습니다. 7월 28일 오전 9시에 이 시계가 나타내는 시각은 오전 몇 시 몇 분 몇 초인가요?

풀이

답 _____

기출1 유사 문제

1 민정이가 청소를 시작한 시각을 |보기|와 같은 방법으로 나타내었더니 120이었습니다. 민정이가 청소를 오후 3시 이후에 시작하여 오후 4시 20분에 끝냈다면 민정이가 청소를 하는 데 걸린 시간은 몇 분인지 구하세요.

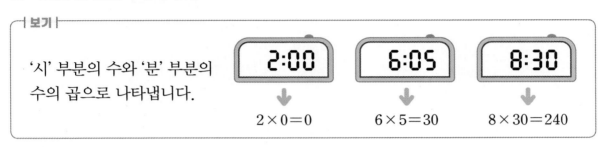

|보기|

'시' 부분의 수와 '분' 부분의 수의 곱으로 나타냅니다.

2:00 → $2 \times 0 = 0$

6:05 → $6 \times 5 = 30$

8:30 → $8 \times 30 = 240$

풀이

답 _____

기출 변형

2 윤호가 오후 6시 24분에 수영장에 들어갔다가 오후 8시와 오후 9시 사이에 나왔습니다. 수영장에 들어간 시각과 나온 시각을 위 **1**의 |보기|와 같은 방법으로 나타내었더니 두 수가 같았습니다. 윤호가 수영장에 머문 시간은 몇 시간 몇 분인지 구하세요.

풀이

답 _____

기출 2 유사 문제

3 그림과 같이 직선인 길을 따라 ㉮에서 출발하여 ㉢까지 8 km 140 m를 간 다음 ㉯로 되돌아오고, 다시 ㉯에서 출발하여 ㉲까지 5 km 760 m를 간 다음 ㉰로 되돌아왔습니다. 이동한 거리가 모두 20 km 280 m라면 ㉰에서 ㉢까지의 거리는 몇 m인지 구하세요.

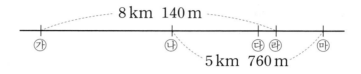

풀이

답 _____

기출 변형

4 그림과 같이 직선인 길을 따라 ㉲에서 출발하여 ㉯까지 6 km 320 m를 간 다음 ㉢로 되돌아오고, 다시 ㉢에서 출발하여 ㉮까지 3 km 950 m를 간 다음 ㉰로 되돌아왔습니다. 이동한 거리가 모두 14 km 570 m라면 ㉯에서 ㉰까지의 거리는 몇 m인지 구하세요.

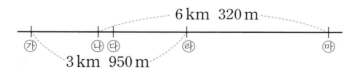

풀이

답 _____

立 身 揚 名

설	몸	오를	이름
입	신	양	명

'호랑이는 죽어서 가죽을 남기고,
사람은 죽어서 이름을 남긴다.'는 속담을 알고 있나요?
착하고 훌륭한 일을 하면 그 사람의 이름이 후세에까지 빛난다는 뜻인데,
'입신양명'도 같은 의미로 사용되는 말이랍니다.
열심히 공부하는 여러분! '입신양명'을 응원합니다.

뭘 좋아할지 몰라 다 준비했어♥
전과목 교재

전과목 시리즈 교재

● 무등생 해법시리즈

– 국어/수학	1~6학년, 학기용
– 사회/과학	3~6학년, 학기용
– 봄·여름/가을·겨울	1~2학년, 학기용
– SET(전과목/국수, 국사과)	1~6학년, 학기용

● 똑똑한 하루 시리즈

– 똑똑한 하루 독해	예비초~6학년, 총 14권
– 똑똑한 하루 글쓰기	예비초~6학년, 총 14권
– 똑똑한 하루 어휘	예비초~6학년, 총 14권
– 똑똑한 하루 수학	1~6학년, 학기용
– 똑똑한 하루 계산	예비초~6학년, 총 14권
– 똑똑한 하루 도형	예비초~6단계, 총 8권
– 똑똑한 하루 사고력	1~6학년, 학기용
– 똑똑한 하루 사회/과학	3~6학년, 학기용
– 똑똑한 하루 봄/여름/가을/겨울	1~2학년, 총 8권
– 똑똑한 하루 안전	1~2학년, 총 2권
– 똑똑한 하루 Voca	3~6학년, 학기용
– 똑똑한 하루 Reading	초3~초6, 학기용
– 똑똑한 하루 Grammar	초3~초6, 학기용
– 똑똑한 하루 Phonics	예비초~초등, 총 8권

● 초등 문해력 독해가 힘이다 비문학편
3~6학년, 단계별

영어 교재

● 초등영어 교과서 시리즈

파닉스(1~4단계)	3~6학년, 학년용
회화(입문1~2, 1~6단계)	3~6학년, 학기용
영단어(1~4단계)	3~6학년, 학년용

● 셀파 English(어휘/회화/문법)
3~6학년

● Reading Farm(Level 1~4)
3~6학년

● Grammar Town(Level 1~4)
3~6학년

● LOOK BOOK 영단어
3~6학년, 단행본

● 원서 읽는 LOOK BOOK 영단어
3~6학년, 단행본

● 멘토 Story Words
2~6학년, 총 6권

정답과 해설

3-A 문장제 수학편

천재교육

정답과 해설
포인트 ③가지

▶ 혼자서도 이해할 수 있는 친절한 문제 풀이

▶ 문제 해결에 꼭 필요한 핵심 전략 제시

▶ 참고, 주의, 다르게 풀기 등 자세한 풀이 제시

1주 덧셈과 뺄셈

1 632 ≫ 632 / 632

2

	3	9	2
+	2	5	4
	6	4	6

≫ 392＋254＝646 / 646개

3

	9	8	5
+	4	0	5
1	3	9	0

≫ 985＋405＝1390 / 1390명

4 181 ≫ 181 / 181

5

	8	0	0
−	3	2	1
	4	7	9

≫ 800－321＝479 / 479

6

	5	1	0
−	2	9	4
	2	1	6

≫ 510－294＝216 / 216상자

7

	9	3	2
−	6	1	7
	3	1	5

≫ 932－617＝315 / 315마리

2 (당근의 수)＋(오이의 수)
　＝392＋254＝646(개)

3 (오늘 입장한 어린이 수)
　＝(어제 입장한 어린이 수)＋405
　＝985＋405＝1390(명)

6 (백설기 상자의 수)－(시루떡 상자의 수)
　＝510－294＝216(상자)

7 (남아 있는 생선의 수)
　＝(처음 생선의 수)－(판 생선의 수)
　＝932－617＝315(마리)

1 612＋563＝1175 / 1175개

2 326－134＝192 / 192통

3 217－109＝108 / 108 cm

4 234＋141＝375 / 375대

5 800－520＝280 / 280점

6 135＋176＝311 / 311명

7 531－384＝147 / 147명

1

> **전략**
> 모두 얼마인지 구하려면 덧셈식을 세우자.

(1반 친구들이 딴 옥수수의 수)
　＋(2반 친구들이 딴 옥수수의 수)
＝612＋563＝1175(개)

2

> **전략**
> 남은 수를 구하려면 뺄셈식을 세우자.

(남은 문자의 수)
＝(처음 문자의 수)－(지운 문자의 수)
＝326－134＝192(통)

3 (다른 한 도막의 길이)
　＝(자르기 전 끈의 길이)－(한 도막의 길이)
　＝217－109＝108 (cm)

4 (지금 자동차 수)
　＝(처음 자동차 수)＋(더 들어온 자동차 수)
　＝234＋141＝375(대)

5 (동훈이의 점수)－(다영이의 점수)
　＝800－520＝280(점)

6 (남학생 수)＋(여학생 수)
　＝135＋176＝311(명)

7 (산을 좋아하는 학생 수)
　＝(전체 학생 수)－(바다를 좋아하는 학생 수)
　＝531－384＝147(명)

정답과 해설

문해력 문제 1

전략 + / −

풀기 ❶ +, 719

❷ −, 719, 81

답 81개

1-1 165석

1-2 116명

1-3 900원

문해력 문제 1

❶ (지금까지 딴 딸기의 수)
  =384+335=719(개)

❷ (앞으로 더 따야 하는 딸기의 수)
  =800−719=81(개)

1-1

전략
빈 좌석 수를 구하려면
전체 좌석 수에서 앉은 좌석 수(3학년 학생 수)를 빼자.

❶ (앉은 좌석 수)
  =206+229=435(석)

❷ (빈 좌석 수)
  =600−435=165(석)

1-2 ❶ (1차 예선을 통과한 사람 수)
  =538−269=269(명)

❷ (2차 예선을 통과한 사람 수)
  =269−153=116(명)

다르게 풀기

❶ (1차, 2차 예선에서 탈락한 사람 수)
  =269+153=422(명)

❷ (2차 예선을 통과한 사람 수)
  =538−422=116(명)

1-3 ❶ (두부 두 모의 값)
  =1800+1800=3600(원)

❷ (국수 한 묶음의 값)+(두부 두 모의 값)
  =3500+3600=7100(원)

❸ (거스름돈)
  =8000−7100=900(원)

문해력 문제 2

전략 1, 2

풀기 ❶ 160, 588, 224, 597

❷ 588, <, 597, 2

답 2관

2-1 오징어

2-2 음료수

2-3 S석, 41석

문해력 문제 2

❶ (1관의 관객 수)
  =428+160=588(명)
  (2관의 관객 수)
  =373+224=597(명)

❷ 1관과 2관의 관객 수 비교하기
  588<597이므로 관객이 더 많은 곳은 2관이다.

2-1

전략
더 많이 팔린 것을 구하려면
먼저 판매한 고등어의 수와 오징어의 수를 각각 구하자.

❶ (판매한 고등어의 수)
  =253+272=525(마리)
  (판매한 오징어의 수)
  =234+306=540(마리)

❷ 525<540이므로 오징어가 더 많이 팔렸다.

2-2 ❶ (남은 음료수의 수)
  =709−380=329(병)
  (남은 생수의 수)
  =915−542=373(병)

❷ 329<373이므로 음료수가 더 적게 남았다.

2-3 ❶ (예매된 R석의 수)
  =320+357=677(석)
  (예매된 S석의 수)
  =273+445=718(석)

❷ 677<718이므로 S석이 718−677=41(석)
  더 많이 예매되었다.

정답과 해설

문해력 문제 3

전략 **삼촌**

풀기 ❶ 116, 125

❷ 116, 125, 241

답 241 cm

3-1 893 m

3-2 371

3-3 462개

3-1 전략

기준이 되는 계룡산 높이를 가운데에 두고 그림을 그리자.

❶ 주어진 조건을 그림으로 나타내기

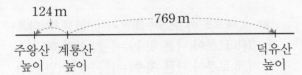

❷ 주왕산은 덕유산보다
124＋769＝893 (m) 더 낮다.

3-2 ❶ 주어진 조건을 그림으로 나타내기

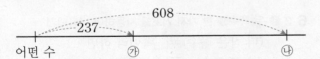

❷ ㉮는 ㉯보다 608－237＝371만큼 더 작은 수 이다.

다르게 풀기

❶ 어떤 수를 □라 하면
㉮＝□＋237이고
㉯＝□＋608이다.

❷ ㉯－㉮＝□＋608－□－237
＝608－237＝371

➡ ㉮는 ㉯보다 371만큼 더 작은 수이다.

3-3 ❶ 주어진 조건을 그림으로 나타내기

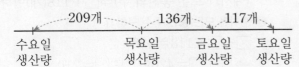

❷ 토요일은 수요일보다 생산량이
209＋136＋117＝462(개) 더 많았다.

문해력 문제 4

전략 416, 339 / 씨름

풀기 ❶ 339, 755 ❷ 755, 125

답 125명

4-1 134명

4-2 292명

4-1 전략

크림빵과 단팥빵을 모두 받은 사람 수를 겹쳐서 하나의 수직선에 나타내자.

그림 그리기

크림빵을 받은 사람   단팥빵을 받은 사람
(250명)   (322명)

헌혈한 사람(438명)

모두 받은 사람

❶ (크림빵을 받은 사람 수)
＋(단팥빵을 받은 사람 수)
＝250＋322＝572(명)

❷ (❶에서 구한 사람 수)－(헌혈한 사람 수)
(두 빵을 모두 받은 사람 수)
＝572－438＝134(명)

4-2 전략

워터파크와 바다를 모두 다녀온 학생 수를 겹쳐서 하나의 수직선에 나타내자.

그림 그리기

워터파크를 다녀온 학생   바다를 다녀온 학생
(183명)   (215명)

재희네 학교 학생

모두 다녀온 학생
(106명)

❶ (워터파크를 다녀온 학생 수)
＋(바다를 다녀온 학생 수)
＝183＋215＝398(명)

❷ (❶에서 구한 학생 수)
－(워터파크와 바다를 모두 다녀온 학생 수)
(재희네 학교 학생 수)
＝398－106＝292(명)

문해력 문제 5

풀기 ❶ 326

❷ 326, 584, 584

❸ 584, 348

답 348

5-1 890

5-2 550원

5-3 1311

5-1
전략
먼저 잘못 계산한 식을 세워 어떤 수를 구하자.

❶ 잘못 계산한 식을 쓰기
어떤 수를 □라 하면 잘못 계산한 식은
□-471=245이다.

❷ 어떤 수가 얼마인지 구하기
□=245+471=716
➡ (어떤 수)=716

❸ (바르게 계산한 값)=716+174=890

5-2 ❶ 잘못 계산한 것을 식으로 쓰기
낸 돈을 □원이라 하여 잘못 계산한 것을 식으로
쓰면 □-1540=460이다.

❷ 낸 돈 구하기
□=460+1540=2000
➡ (낸 돈)=2000원

❸ (바르게 계산했을 때 거스름돈)
=2000-1450=550(원)

5-3 ❶ 잘못 더한 수를 □라 하여 계산 실수한 것을 식으로 쓰기
하윤이가 잘못 더한 수를 □라 하면
397+□=816이다.

❷ 잘못 더한 수 구하기
□=816-397=419
➡ (잘못 더한 수)=419

❸ 더해야 하는 수인 ㉠ 구하기
㉠은 419에서 백, 일의 자리 숫자를 바꾼 수인
914이다.

❹ (바르게 계산한 값)=397+914=1311

문해력 문제 6

전략 784

풀기 ❶ 136

❷ 136, 648, 324, 324

답 324쪽

6-1 332번

6-2 128쪽, 129쪽

6-3 2100원

6-1
전략
'㉮ 로봇이 ㉯ 로봇보다 129번 더 적게 음식을 날랐다.'
를 이용하여 ㉮, ㉯ 로봇이 나른 횟수를 한 가지 기호로
각각 나타내자.

❶ ㉮, ㉯ 로봇이 나른 횟수를 한 가지 기호를 사용하여 나타내기
(㉯ 로봇이 나른 횟수)=□번이라 하면
(㉮ 로봇이 나른 횟수)=□-129(번)이다.

❷ ㉯ 로봇이 나른 횟수 구하기
□+□-129=535
➡ □+□=664이므로 □=332
따라서 ㉯ 로봇이 나른 횟수는 332번이다.

6-2 ❶ 두 쪽수를 한 가지 기호를 사용하여 나타내기
(더 작은 쪽수)=□쪽이라 하면
(더 큰 쪽수)=□+1(쪽)이다.

❷ 두 쪽수 각각 구하기
□+□+1=257
➡ □+□=256이므로 □=128
따라서 나온 두 쪽수는 128쪽, 129쪽이다.

참고
책을 펼쳤을 때 나온 두 쪽수 중 왼쪽은 짝수, 오른쪽은
홀수이다. 두 쪽수는 연속된 수이므로 차가 1이다.

6-3 ❶ 두 사람이 모은 동전 수를 한 가지 기호를 사용하여 나타내기
(준휘가 모은 동전의 수)=□개라 하면
(예서가 모은 동전의 수)=□+118(개)이다.

❷ 준휘가 모은 동전의 수 구하기
□+□+118=538
➡ □+□=420이므로 □=210

❸ 준휘가 모은 돈의 금액 구하기
준휘가 모은 십 원짜리 동전 210개는 2100원이다.

문해력 문제 7

전략 (왼쪽에서부터) −, +

풀기 ❶ +, 875

❷ 875, −, 120

답 120점

7-1 518명

7-2 207그램

7-3 3150원

7-1 전략

타기 전 사람 수는 뺄셈을 하여 구하고
내리기 전의 처음 사람 수는 덧셈을 하여 구하자.

그림 그리기

처음 사람 수	294명이 내렸다. −294	타기 전의 사람 수	186명이 탔다. +186	지금 사람 수 410명
처음 사람 수	내린 사람 수를 더한다. +294	타기 전의 사람 수	탄 사람 수를 뺀다. −186	지금 사람 수 410명

❶ (타기 전의 사람 수)
$=410-186=224$(명)

❷ (처음 지하철의 사람 수)
$=224+294=518$(명)

7-2 ❶ (다시 만들어 담기 전의 양념의 무게)
$=746-184=562$(그램)

❷ (처음 통의 양념의 무게)
$=562-355=207$(그램)

다르게 풀기

❶ 처음 통의 양념의 양을 □그램이라 하면
$□+355+184=746$이다.

❷ $□+355=562$, $□=207$이다.
➡ 처음 통의 양념의 무게는 207그램이다.

7-3 ❶ (팽이를 사기 전에 남은 돈)
$=4450+2500=6950$(원)

❷ (젤리를 사 먹기 전에 남은 돈)
$=6950+1700=8650$(원)

❸ (4월 1일에 용돈을 받기 전 가지고 있던 돈)
$=8650-5500=3150$(원)

문해력 문제 8

전략 이서

풀기 ❶ 202, 520

❷ 520, 260

❸ 260, 58

답 58개

8-1 13줄

8-2 177자루

8-1 ❶ (전체 김밥의 수)
$=214+188=402$(줄)

❷ 옮긴 후 노란 통의 김밥의 수 구하기
옮기고 나서 노란 통과 파란 통의 김밥의 수를 각각 □줄이라 하면 □+□=402이므로 노란 통의 김밥은 201줄이 된다.

❸ (옮겨야 하는 김밥의 수)
$=214-201=13$(줄)

다르게 풀기

❷ 옮긴 후 파란 통의 김밥의 수 구하기
옮기고 나서 노란 통과 파란 통의 김밥의 수를 각각 □줄이라 하면 □+□=402이므로 파란 통의 김밥은 201줄이 된다.

❸ (옮겨야 하는 김밥의 수)
$=201-188=13$(줄)

8-2 전략

소금을 창고 가에서 나로 옮기더라도 전체 소금의 양은 변하지 않는다.

❶ (전체 소금의 양)
$=488+445=933$(자루)

❷ 옮긴 후 가 창고의 소금의 양 구하기
옮기고 나서 가 창고의 소금을 □자루라 하면
나 창고의 소금은 □+□(자루)이다.
$□+□+□=933$이므로
가 창고의 소금은 311자루가 된다.

❸ (옮기는 소금의 양)
$=488-311=177$(자루)

정답과 해설

기출 1

❶ 148, ㉠, 134

❷ 예 ㉡+142+148+㉮=142+163+㉮+134

➡ ㉡+148=163+134, ㉡+148=297,

㉡=297−148=149

답 149

기출 2

❶ 5, 8

❷ 3 / 98㉠, 105, 7

❸ 예 ㉠이 될 수 있는 수는 3, 7이므로 가장 큰 수는 7이다.

답 7

기출 1

다르게 풀기

'가 원과 다 원 안에 있는 네 수의 합이 서로 같다.'를 식으로 나타내 ㉡의 값을 구할 수 있다.

(가 원 안에 있는 네 수의 합)

=(다 원 안에 있는 네 수의 합)

➡ ㉡+142+148+㉮=148+㉮+134+157,

㉡+142=134+157,

㉡+142=291, ㉡=291−142=149

창의 3

❶ 궁수, 120

❷ 전사, 300

❸ 300−120=180(점)

답 180점

융합 4

❶ 289 /

198, 달리기, 348

❷ 157+289=446(킬로칼로리) /

달리기, 198+348=546(킬로칼로리) /

걷기, 달리기

답 걷기, 달리기

1 196개	2 초록색
3 785명	4 102
5 252점	6 132명
7 209 cm	8 무
9 2750원	10 112개

1 ❶ (지금까지 오른 계단의 수)

=245+336=581(개)

❷ (앞으로 더 올라야 하는 계단의 수)

=777−581=196(개)

2 ❶ (분홍색 티셔츠를 입은 학생 수)

=247+495=742(명)

(초록색 티셔츠를 입은 학생 수)

=526+256=782(명)

❷ 742<782이므로 초록색 티셔츠를 입은 학생이 더 많다.

3 ❶

234명   551명

그저께   어제   오늘

❷ 오늘은 그저께보다 몇 명 더 많은지 구하기

오늘은 그저께보다 관객 수가

234+551=785(명) 더 많다.

4 ❶ 잘못 계산한 식을 쓰기

어떤 수를 □라 하면 잘못 계산한 식은

□+175=992이다.

❷ 어떤 수가 얼마인지 구하기

□=992−175=817 ➡ (어떤 수)=817

❸ (바르게 계산한 값)

=817−715=102

5 ❶ (음료수를 바꾸어 먹기 전의 칭찬 점수)

=517+185=702(점)

❷ (지난달까지 쌓은 칭찬 점수)

=702−450=252(점)

다르게 풀기

❶ 지난달까지 칭찬 통장에 쌓은 점수를 □점이라 하면 □+450−185=517이다.

❷ □+450=702, □=252이다.

➡ 지난달까지 쌓은 칭찬 점수는 252점이다.

6 그림 그리기

갈치를 먹어 본 학생   고등어를 먹어 본 학생
(196명)   (184명)

3학년 학생(248명)
모두 먹어 본 학생

❶ (갈치를 먹어 본 학생 수)
＋(고등어를 먹어 본 학생 수)
＝196＋184＝380(명)
❷ (갈치와 고등어를 모두 먹어 본 학생 수)
＝380－248＝132(명)

7 전략
구하려는 것이 아빠 선물을 포장한 끈의 길이이므로 이것을 □ cm로 나타내 문제를 푸는 것이 간단하다.

❶ (아빠 선물을 포장한 끈의 길이)＝□ cm라 하면
(엄마 선물을 포장한 끈의 길이)＝□＋106 (cm)
이다.
❷ 아빠 선물을 포장한 끈의 길이 구하기
□＋□＋106＝524
➡ □＋□＝418이므로 □＝209이다.
따라서 아빠 선물을 포장하는 데 사용한 끈은 209 cm이다.

8 ❶ (남은 무의 수)＝611－346＝265(개)
(남은 양파의 수)＝490－217＝273(개)
❷ 265＜273이므로 남은 개수가 더 적은 것은 무이다.

9 ❶ 잘못 계산한 것을 식으로 쓰기
낸 돈을 □원이라 하여 직원이 잘못 계산한 것을 식으로 쓰면 □－3150＝1850이다.
❷ 낸 돈 구하기
□＝1850＋3150＝5000 ➡ (낸 돈)＝5000원
❸ (바르게 계산했을 때 거스름돈)
＝5000－2250＝2750(원)

10 ❶ (전체 응원 도구의 수)＝192＋416＝608(개)
❷ 보라색 상자의 응원 도구의 수 구하기
옮기고 나서 노란색과 보라색 상자의 응원 도구의 수를 각각 □개라 하면
□＋□＝608이므로 보라색 상자의 응원 도구는 304개가 된다.
❸ (옮겨야 하는 응원 도구의 수)
＝416－304＝112(개)

2주 나눗셈 / 분수와 소수

2주 준비학습   **36～37** 쪽

1 6 » 6 / 6개
2 3 » 15÷5＝3 / 3개
3 5 » 20÷4＝5 / 5명
4 예   » 1조각

5 $\frac{4}{6}$에 ○표 » 은수
6 0.5에 △표 » 재훈

1 (상자 한 개에 담을 수 있는 생수병의 수)
＝(전체 생수병의 수)÷(상자의 수)
＝12÷2＝6(개)

2 (참외를 담은 봉지의 수)
＝(전체 참외의 수)÷(봉지 한 개에 담은 참외의 수)
＝15÷5＝3(개)

3 (한 팀의 선수 수)
＝(전체 선수 수)÷(팀의 수)
＝20÷4＝5(명)

4 준호가 먹으려는 호떡은 4조각을 똑같이 4로 나눈 것 중의 1이므로 1조각이다.

5 전략
더 많이 걸은 사람을 찾으려면
걸은 양을 나타내는 수가 더 큰 것을 찾자.

$\frac{3}{6}$과 $\frac{4}{6}$ 중 더 큰 수는 $\frac{4}{6}$이다.
➡ 은수가 더 많이 걸었다.

6 전략
더 적게 사용한 사람을 찾으려면
길이를 나타내는 수가 더 작은 것을 찾자.

0.9와 0.5 중 더 작은 수는 0.5이다.
➡ 재훈이가 더 적게 사용했다.

1 $30 \div 6 = 5$ / 5개

2 $56 \div 7 = 8$ / 8일

3 $18 \div 3 = 6$ / 6개

4 $\dfrac{5}{8}$

5 2바구니

6 병원

7 강아지

---

1 (단추를 달 수 있는 티셔츠의 수)

    = (전체 단추의 수)

       ÷ (티셔츠 하나에 다는 단추의 수)

    = $30 \div 6 = 5$(개)

2 (옥수수를 줄 수 있는 날수)

    = (전체 옥수수의 수) ÷ (하루에 주는 옥수수의 수)

    = $56 \div 7 = 8$(일)

3 (담을 수 있는 봉지의 수)

    = (전체 와플의 수) ÷ (봉지 한 개에 담는 와플의 수)

    = $18 \div 3 = 6$(개)

4 먹은 케이크는 전체를 똑같이 8로 나눈 것 중의 5이
므로 전체의 $\dfrac{5}{8}$이다.

5 친구에게 준 상추는 6바구니를 똑같이 6으로 나눈
것 중의 2이므로 2바구니이다.

6 전략

더 가까운 곳을 찾으려면
거리를 나타내는 수가 더 작은 것을 찾자.

$\dfrac{7}{10}$과 $\dfrac{9}{10}$ 중 더 작은 수는 $\dfrac{7}{10}$이다.

➡ 더 가까운 곳은 병원이다.

7 전략

더 무거운 것을 찾으려면
무게를 나타내는 수가 더 큰 것을 찾자.

1.6과 2.4 중 더 큰 수는 2.4이다.

➡ 강아지가 더 무겁다.

문해력 문제 1

전략 × / ÷

풀이 ❶ ×, 36

     ❷ 36, 6

답 6개

1-1 3명

1-2 8쪽

1-3 6개

문해력 문제 1

❶ (전체 제기의 수)

    = $9 \times 4 = 36$(개)

❷ (한 모둠이 받은 제기의 수)

    = $36 \div 6 = 6$(개)

1-1 전략

한 팀의 선수 수를 구하려면
❶ 전체 선수 수를 구해서
❷ 팀의 수로 나누어야 한다.

❶ (전체 선수 수) = (한 반의 선수 수) × (반의 수)

    (전체 선수 수) = $4 \times 6 = 24$(명)

❷ (한 팀의 선수 수) = (전체 선수 수) ÷ (팀의 수)

    (한 팀의 선수 수) = $24 \div 8 = 3$(명)

1-2 전략

하루에 읽어야 하는 쪽수를 구하려면
❶ 읽고 남은 쪽수를 구해서
❷ 읽는 날수(일주일)로 나누어야 한다.

❶ (읽고 남은 쪽수) = $80 - 24 = 56$(쪽)

❷ (하루에 읽어야 하는 쪽수)

    = $56 \div 7 = 8$(쪽)

참고

일주일은 7일이다.

1-3 ❶ (산 꽈배기의 수) = $4 \times 8 = 32$(개)

    ❷ (남은 꽈배기의 수) = $32 - 2 = 30$(개)

    ❸ (가족 한 명이 먹은 꽈배기의 수)

       = $30 \div 5 = 6$(개)

2주 1일 42~43쪽

문해력 문제 2

전략 남, 여 / +

풀이 ❶ 4 / 5, 3

❷ 4, 3, 7

답 7모둠

2-1 13대

2-2 양, 2마리

2-3 56명

문해력 문제 2

❶ (남학생 모둠의 수)=16÷4=4(모둠)

(여학생 모둠의 수)=15÷5=3(모둠)

❷ (전체 모둠의 수)=4+3=7(모둠)

2-1

전략

두발자전거 한 대의 바퀴 수는 2개이고, 세발자전거 한 대의 바퀴 수는 3개임을 알고 나눗셈식을 세워 각각의 자전거의 수를 구하자.

❶ (자전거의 수)=(전체 바퀴의 수)÷(한 대의 바퀴의 수)

(두발자전거의 수)=18÷2=9(대)

(세발자전거의 수)=12÷3=4(대)

❷ 위 ❶에서 구한 자전거의 수를 더하기

(전체 자전거의 수)=9+4=13(대)

2-2

전략

젖소와 양의 한 마리의 다리 수가 4개임을 알고 나눗셈식을 세워 각각의 마리 수를 구하자.

❶ (동물의 수)=(전체 다리의 수)÷(한 마리의 다리의 수)

(젖소의 수)=24÷4=6(마리)

(양의 수)=32÷4=8(마리)

❷ 젖소와 양의 수를 비교하여 차 구하기

6<8이므로 양이 8-6=2(마리) 더 많다.

2-3 ❶ (모둠의 수)=(3학년 학생 수)÷(한 모둠의 3학년 학생 수)

(모둠의 수)=42÷6=7(모둠)

❷ (4학년 학생 수)=(한 모둠의 4학년 학생 수)×(모둠의 수)

(4학년 학생 수)=2×7=14(명)

❸ (3학년 학생 수)+(4학년 학생 수)

(직업 체험관에 간 학생 수)=42+14=56(명)

2주 2일 44~45쪽

문해력 문제 3

전략 ÷ / 1

풀이 ❶ ÷, 2

❷ 2, 10

답 10분

3-1 36분

3-2 48분

3-3 21분

문해력 문제 3

❶ (송편 1개를 빚는 시간)

=12÷6=2(분)

❷ (송편 5개를 빚는 데 걸린 시간)

=2×5=10(분)

3-1

전략

9잔을 만드는 데 걸리는 시간을 구하려면

❶ 1잔을 만드는 시간을 구해서

❷ 9를 곱한다.

❶ (음료 1잔을 만드는 시간)

=16÷4=4(분)

❷ (음료 9잔을 만드는 데 걸리는 시간)

=4×9=36(분)

3-2 ❶ (32명이 놀이기구를 탈 때 운행 횟수)

=32÷4=8(번)

❷ (32명이 놀이기구를 한 번씩 타는 데 걸리는 시간)

=6×8=48(분)

3-3 ❶ 대방역에서 시청역 사이는 5개 구간이다.

(한 구간을 가는 데 걸리는 시간)

=15÷5=3(분)

❷ 용산역에서 동대문역 사이는 7개 구간이다.

(용산역에서 동대문역까지 가는 데 걸리는 시간)

=3×7=21(분)

주의

역에서 역까지 가는 데 걸리는 시간을 구할 때 역 사이 구간의 수를 세어야 하는데, 역의 수를 세지 않도록 주의한다.

문해력 문제 4

전략 5

풀기 ❶ 3, 10

❷ 10 / 10, 5, 5

답 5마리

4-1 7개

4-2 4명

4-1 전략

문제의 표현을 '같다', '적다'로 바꾸어 생각하자.

· 방충제를 4개씩 놓으면 딱 맞다.
 ➡ 전체 방충제 수는 놓으려는 방충제 수와 같다.

· 방충제를 6개씩 놓으려면 14개가 부족하다.
 ➡ 전체 방충제 수는 놓으려는 방충제 수보다 14개 더 적다.

❶ 옷장의 수를 □개라 하면

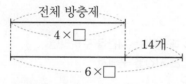

전체 방충제
4×□
14개
6×□

❷ 그림을 이용하여 옷장의 수 구하기

4×□와 6×□의 차는 14이므로

2×□=14이다.

➡ □=14÷2=7이므로 옷장은 7개이다.

4-2 전략

문제의 표현을 '같다', '많다'로 바꾸어 생각하자.

· 모종을 11개씩 심으면 딱 맞다.
 ➡ 전체 모종 수는 심으려는 모종 수와 같다.

· 모종을 8개씩 심으면 12개가 남는다.
 ➡ 전체 모종 수는 심으려는 모종 수보다 12개 더 많다.

❶ 심는 사람 수를 □명이라 하면

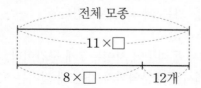

전체 모종
11×□
8×□
12개

❷ 그림을 이용하여 모종을 심는 사람 수 구하기

11×□와 8×□의 차는 12이므로

3×□=12이다.

➡ □=12÷3=4이므로 모종을 심는 사람은 4명이다.

문해력 문제 5

전략 8 / 큰에 ○표

풀기 ❶ 3, 1 / 1

❷ 1, 4, 윤서

답 윤서

5-1 호박

5-2 9배

5-3 시영

5-1 ❶ 호박을 심은 부분은 얼마만큼인지 분수로 나타내기

호박을 심은 부분: 밭 전체를 똑같이 12로 나눈 것 중의 $12-4-3=5$ ➡ 밭 전체의 $\frac{5}{12}$

❷ 가장 넓은 부분에 심은 것 구하기

$\frac{5}{12} > \frac{4}{12} > \frac{3}{12}$이므로 가장 넓은 부분에 심은 것은 호박이다.

5-2 ❶ 타서 없어진 양초와 남은 양초는 각각 얼마만큼인지 분수로 나타내기

타서 없어진 양초: 처음 양초를 똑같이 10으로 나눈 것 중의 $4+5=9$ ➡ 처음 양초의 $\frac{9}{10}$

남은 양초: 처음 양초를 똑같이 10으로 나눈 것 중의 $10-9=1$ ➡ 처음 양초의 $\frac{1}{10}$

❷ 타서 없어진 양초는 남은 양초의 몇 배인지 구하기

$\frac{9}{10}$는 $\frac{1}{10}$의 9배이므로 타서 없어진 양초는 남은 양초의 9배이다.

5-3 ❶ 채아와 민재가 먹은 케이크는 각각 얼마만큼인지 분수로 나타내기

채아가 먹은 케이크: 전체를 똑같이 9로 나눈 것 중의 3 ➡ 전체의 $\frac{3}{9}$

민재가 먹은 케이크: 전체를 똑같이 9로 나눈 것 중의 $9-2-3=4$ ➡ 전체의 $\frac{4}{9}$

❷ 케이크를 가장 적게 먹은 사람 구하기

$\frac{2}{9} < \frac{3}{9} < \frac{4}{9}$이므로 시영이가 가장 적게 먹었다.

정답과 해설

문해력 문제 6

전략 이서 / 2

풀이 ❶ 6, 5

❷ 5, 2

❸ 2, 3

답 3조각

6-1 4부분

6-2 $\dfrac{4}{10}$

6-1 ❶ (선생님이 그리고 남은 부분의 수)
    =8−1=7(부분)

❷ (남학생이 그린 부분의 수)
    =7부분의 $\dfrac{3}{7}$=3부분

❸ (선생님과 남학생이 그리고 남은 부분의 수)
    =7−3=4(부분)

참고

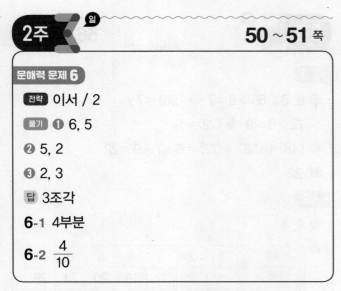

6-2 ❶ (지지 않은 경기의 수)
    =10−4=6(경기)

❷ (비긴 경기의 수)
    =6경기의 $\dfrac{2}{6}$=2경기

❸ 이긴 경기의 수를 구하여 전체 경기의 얼마만큼인지 분수로 나타내기
    (이긴 경기의 수)
    =6−2=4(경기)

이긴 4경기는 전체 10경기의 $\dfrac{4}{10}$이다.

참고

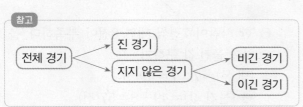

문해력 문제 7

전략 작은에 ○표

풀이 ❶ 0.7   ❷ 0.7, 0.8, 하윤

답 하윤

7-1 예건

7-2 소율

7-3 로운

7-1 ❶ 현지가 마시고 남은 양: 주스의 $\dfrac{6}{10}$=0.6

❷ 0.7>0.6>0.4이므로 주스가 가장 많이 남은 사람은 예건이다.

7-2 ❶ 서우가 틀린 문제: 전체의 0.3=$\dfrac{3}{10}$

❷ $\dfrac{2}{10}<\dfrac{3}{10}<\dfrac{5}{10}$
문제를 가장 많이 맞힌 사람은 틀린 문제가 가장 적은 사람이므로 소율이다.

다르게 풀기

❶ 서우가 맞힌 문제: 전체의 0.7=$\dfrac{7}{10}$

소율이가 맞힌 문제: 전체의 $\dfrac{8}{10}$

채영이가 맞힌 문제: 전체의 $\dfrac{5}{10}$

❷ $\dfrac{8}{10}>\dfrac{7}{10}>\dfrac{5}{10}$이므로 문제를 가장 많이 맞힌 사람은 소율이다.

7-3 ❶ 서준이가 달린 거리: 전체의 $\dfrac{9}{10}$=0.9

찬주가 달린 거리: 전체의 $\dfrac{6}{10}$=0.6

❷ 0.9>0.8>0.6>0.5
앞에서부터 두 번째로 달리고 있는 사람은 달린 거리가 두 번째로 많은 사람이므로 로운이다.

다르게 풀기

❶ 윤재가 달린 거리: 전체의 0.5=$\dfrac{5}{10}$

로운이가 달린 거리: 전체의 0.8=$\dfrac{8}{10}$

❷ $\dfrac{9}{10}>\dfrac{8}{10}>\dfrac{6}{10}>\dfrac{5}{10}$
앞에서부터 두 번째로 달리고 있는 사람은 달린 거리가 두 번째로 많은 사람이므로 로운이다.

2주 4일 54~55쪽

문해력 문제 8

풀이 ❶ 7   ❷ 7, 35

답 35분

8-1 40분

8-2 150 cm

8-3 1200원

8-1 전략

넓이가 5배이면 걸리는 시간도 5배가 됨을 이용하자.

❶ $\frac{5}{6}$ 는 $\frac{1}{6}$ 의 5배이다.

❷ (전체의 $\frac{5}{6}$ 만큼 청소하는 데 걸리는 시간)
＝$8 \times 5 = 40$(분)

8-2 그림 그리기

공

30 cm

❶ 공을 떨어뜨린 높이의 $\frac{1}{5}$ 만큼을 5배 하면 공을
떨어뜨린 높이가 된다.

❷ (공을 떨어뜨린 높이)＝$30 \times 5 = 150$ (cm)

8-3 ❶ 남은 돈은 받은 용돈의 얼마만큼인지 분수로 나타내기
남은 돈은 받은 용돈을 똑같이 3으로 나눈 것 중
$3-2=1$이다.

➡ 받은 용돈의 $\frac{1}{3}$

❷ 받은 용돈의 $\frac{1}{3}$ 만큼을 3배 하면 받은 용돈이 된다.

❸ (받은 용돈)
＝$400 + 400 + 400 = 1200$(원)

2주 5일 56~57쪽

기출 1

❶ 6, 6 / $56 \div 8 = 7$ ➡ $\langle 56 \rangle = 7$ /
$72 \div 8 = 9$ ➡ $\langle 72 \rangle = 9$

❷ $\langle 48 \rangle + \langle 56 \rangle + \langle 72 \rangle = 6 + 7 + 9 = 22$

답 22

기출 2

❶ 4, 4

❷

■	1	2	3	4	5	6	7
●	4	8	12	16	20	24	28
●＋■	5	10	15	20	25	30	35

❸ 예 위 ❷의 표에서 ●＋■=35가 되는 경우를 찾
으면 ■=7, ●=28이다.

답 28

2주 6일 58~59쪽

창의 3

❶

1분 전   1분 전

(1시간)
병을 가득 채움.

❷ 1, 59

❸ 예 병의 $\frac{1}{4}$ 을 채우는 때는 59분에서 1분 전이므로
58분이다.

답 58분

융합 4

❶ 8, 6   ❷ 6, 14 / 7, 7   ❸ 7, 63 / 63, 57

답 57전

융합 4

다르게 풀기

❸ '한 사람이 7전씩 내면 8전이 부족하다.'를 이용
하여 물건 값 구하기
(낸 돈)＝$7 \times 7 = 49$(전)
➡ (물건 값)＝$49 + 8 = 57$(전)

정답과 해설

1 2명	**2** 35분
3 태희	**4** 동수
5 12마리	**6** 5조각
7 6일	**8** 1 m 20 cm
9 3마리	**10** 11배

1 ❶ (전체 학생 수)=3×6=18(명)
　❷ (한 모둠의 학생 수)=18÷9=2(명)

2 ❶ (돈가스 한 장을 튀기는 시간)
　　=25÷5=5(분)
　❷ (돈가스 7장을 튀기는 데 걸리는 시간)
　　=5×7=35(분)

3 ❶ 태희가 마신 주스는 얼마만큼인지 분수로 나타내기
　　태희가 마신 주스: 전체를 똑같이 6으로 나눈 것
　　중의 6−2−1=3 ➡ 전체의 $\frac{3}{6}$
　❷ 주스를 가장 많이 마신 사람 구하기
　　$\frac{3}{6} > \frac{2}{6} > \frac{1}{6}$이므로 태희가 가장 많이 마셨다.

4 ❶ 동수가 넣은 횟수를 소수로 나타내기
　　동수가 넣은 횟수: 던진 횟수의 $\frac{8}{10}$=0.8
　❷ 공을 가장 많이 넣은 사람 구하기
　　0.8>0.7>0.5이므로 공을 가장 많이 넣은 사람
　　은 동수이다.

5 ❶ (염소의 수)=20÷4=5(마리)
　　(닭의 수)=14÷2=7(마리)
　❷ (염소의 수)+(닭의 수)
　　=5+7=12(마리)

> **참고**
> 염소 한 마리의 다리 수는 4개이고 닭 한 마리의 다리
> 수는 2개이다.

6 ❶ (보라가 먹고 남은 조각 수)
　　=9−1=8(조각)
　❷ (윤하가 먹은 조각 수)
　　=8조각의 $\frac{3}{8}$=3조각
　❸ (보라와 윤하가 먹고 남은 조각 수)
　　=8−3=5(조각)

> **다르게 풀기**
❸ (보라와 윤하가 먹고 남은 조각 수)
　=(전체 조각 수)−(보라가 먹은 조각 수)
　　−(윤하가 먹은 조각 수)
　=9−1−3=5(조각)

7 ❶ $\frac{3}{5}$은 $\frac{1}{5}$의 3배이다.
　❷ (전체 물약의 $\frac{3}{5}$만큼 복용하는 데 걸리는 날수)
　　=2×3=6(일)

8 ❶ 공을 떨어뜨린 높이의 $\frac{1}{6}$만큼을 6배 하면 공을
　　떨어뜨린 높이가 된다.
　❷ 공을 떨어뜨린 높이는 몇 m 몇 cm인지 구하기
　　(공을 떨어뜨린 높이)
　　=20×6=120 (cm)
　　➡ 120 cm=1 m 20 cm

> **참고**
> 100 cm=1 m이므로
> 120 cm=100 cm+20 cm=1 m 20 cm이다.

9 ❶ 주어진 조건을 그림으로 나타내기
　　돌고래의 수를 □마리라 하면

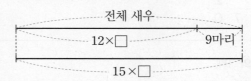

　❷ 그림을 이용하여 돌고래의 수 구하기
　　12×□와 15×□의 차는 9이므로
　　3×□=9이다.
　　➡ □=9÷3=3이므로 돌고래는 3마리이다.

10 ❶ 쓴 돈은 얼마만큼인지 분수로 나타내기
　　쓴 돈: 모은 돈 전체를 똑같이 12로 나눈 것 중의
　　5+6=11 ➡ 모은 돈의 $\frac{11}{12}$
　❷ 남은 돈은 얼마만큼인지 분수로 나타내기
　　남은 돈: 모은 돈 전체를 똑같이 12로 나눈 것 중의
　　12−11=1 ➡ 모은 돈의 $\frac{1}{12}$
　❸ 쓴 돈은 남은 돈의 몇 배인지 구하기
　　$\frac{11}{12}$은 $\frac{1}{12}$의 11배이므로 쓴 돈은 남은 돈의 11배
　　이다.

3주 곱셈

1 40 ≫ 40 / 40

2
	1	3
×		3
	3	9

≫ 13×3=39 / 39

3
	4	2
×		4
1	6	8

≫ 42×4=168 / 168장

4
	3	0
×		5
1	5	0

≫ 30×5=150 / 150마리

5
	1	5
×		6
	9	0

≫ 15×6=90 / 90개

6
	2	7
×		4
1	0	8

≫ 27×4=108 / 108명

7
	8	5
×		2
1	7	0

≫ 85×2=170 / 170개

2 13의 3배
→ 13×3=39

3 (한 봉지에 들어 있는 색종이의 수)×(봉지의 수)
=42×4=168(장)

4 (한 상자에 담겨 있는 새우의 수)×(상자의 수)
=30×5=150(마리)

5 (한 병에 들어 있는 사탕의 수)×(병의 수)
=15×6=90(개)

6 (한 줄에 서 있는 학생 수)×(줄의 수)
=27×4=108(명)

7 (한 통에 들어 있는 이쑤시개의 수)×(통의 수)
=85×2=170(개)

1 21×3=63 / 63명
2 30×7=210 / 210분
3 15×3=45 / 45살
4 40×3=120 / 120석
5 25×4=100 / 100개
6 12×9=108 / 108포기
7 36×6=216 / 216명

1 (한 반의 학생 수)×(반의 수)
=21×3=63(명)

2 (하루에 연산 문제를 푼 시간)×(날수)
=30×7=210(분)

3 (민우의 나이)×3
=15×3=45(살)

4 (한 구역에 있는 좌석의 수)×(구역의 수)
=40×3=120(석)

5 (하루에 외운 영어 단어의 수)×(날수)
=25×4=100(개)

6 (한 줄에 심은 상추의 수)×(줄 수)
=12×9=108(포기)

7 (한 대에 탄 학생 수)×(버스 수)
=36×6=216(명)

2개씩 5묶음
2개씩 5상자
2개씩 5줄
2개의 5배

→ 곱셈식 2×5로 나타내 구할 수 있어.

정답과 해설

문해력 문제 1

전략 5 / ×

풀기 ❶ 30 / 30, 61

❷ 61, 61, 122

답 122 km

1-1 576개 **1-2** 213장 **1-3** 112상자

문해력 문제 1

다르게 풀기

❶ (4월의 날수)＝30일
(4월에 달리기를 한 거리)
＝2×30＝30×2＝60 (km)

❷ (5월의 날수)＝31일
(5월에 달리기를 한 거리)
＝2×31＝31×2＝62 (km)

❸ (두 달 동안 달리기를 한 거리)
＝60＋62＝122 (km)

참고

곱하는 두 수의 순서를 바꾸어 곱해도 곱은 같다.
예 2×5＝10, 5×2＝10
곱이 같다.

1-1 ❶ 1시간 4분을 분 단위로 나타내기
1시간＝60분이므로
1시간 4분＝60분＋4분＝64분

❷ (옮길 수 있는 상자의 수)
＝9×64＝64×9＝576(개)

1-2 ❶ (6월의 날수)＝30일
(6월에 사용한 색종이의 수)
＝4×30＝30×4＝120(장)

❷ (7월의 날수)＝31일
(7월에 사용한 색종이의 수)
＝3×31＝31×3＝93(장)

❸ (두 달 동안 사용한 색종이의 수)
＝120＋93＝213(장)

1-3 ❶ 1주일＝7일이므로 2주일＝7일＋7일＝14일

❷ (사과를 딴 시간)
＝2×14＝14×2＝28(시간)

❸ (과수원에서 딴 사과 상자의 수)
＝4×28＝28×4＝112(상자)

문해력 문제 2

전략 ×

풀기 ❶ 24

❷ 6, 6

❸ 6, 90

답 90대

2-1 408벌

2-2 450개

2-3 576개

2-1 ❶ 하루는 몇 시간인지 구하기
하루는 24시간이다.

❷ 위 ❶에서 구한 시간은 3시간의 몇 배인지 구하기
3×8＝24이므로 24시간은 3시간의 8배이다.

❸ (하루 동안 만들 수 있는 티셔츠의 수)
＝51×8＝408(벌)

2-2 전략
만드는 빠르기가 같을 때 만드는 시간이 ●배가 되면 만드는 개수도 ●배가 됨을 이용하자.

❶ 4시간 10분은 몇 분인지 구하기
1시간＝60분이므로
4시간 10분＝240분＋10분＝250분

❷ 위 ❶에서 구한 시간은 50분의 몇 배인지 구하기
50×5＝250이므로 250분은 50분의 5배이다.

❸ (4시간 10분 동안 만들 수 있는 얼음의 수)
＝90×5＝450(개)

2-3 ❶ 2주일 동안 장사를 한 날수는 4일이다.
(2주일 동안 장사를 한 시간)
＝12×4＝48(시간)

❷ 6×8＝48이므로 48시간은 6시간의 8배이다.

❸ (2주일 동안 팔린 호떡의 수)
＝72×8＝576(개)

다르게 풀기

❶ (일주일 동안 장사를 한 시간)
＝12×2＝24(시간)

❷ 6×4＝24이므로 24시간은 6시간의 4배이다.
(일주일 동안 팔린 호떡의 수)＝72×4＝288(개)

❸ (2주일 동안 팔린 호떡의 수)
＝288＋288＝576(개)

문해력 문제 3

풀기 ❶ −, 24

❷ 24, 96

답 96 m

3-1 140 m

3-2 720 m

3-3 30 m

문해력 문제 4

전략 ×

풀기 ❶ 42

❷ 42, 41

❸ 41, 41, 287

답 287 m

4-1 342 m

4-2 644 m

문해력 문제 3

❶ (1분 후 ㉮와 ㉯ 사이의 거리)

$= 96 - 72 = 24$ (m)

❷ (4분 후 ㉮와 ㉯ 사이의 거리)

$= 24 \times 4 = 96$ (m)

3-1 ❶ (1분 후 드론 A와 B 사이의 거리)

$= 95 - 75 = 20$ (m)

❷ (7분 후 드론 A와 B 사이의 거리)

$= 20 \times 7 = 140$ (m)

참고

7분 동안 이동했을 때의 두 물체 사이의 거리는 1분 동
안 이동했을 때의 두 물체 사이의 거리의 7배와 같다.

3-2 ❶ (1분 후 거북이와 개미 사이의 거리)

$= 28 + 52 = 80$ (m)

❷ (지금 거북이와 개미 사이의 거리)

$= 80 \times 9 = 720$ (m)

주의

두 동물이 서로 같은 방향으로 이동했는지, 반대 방향으
로 이동했는지 주의하여 식을 세운다.

3-3 ❶ (민재가 걸은 시간)=7분

(서후가 걸은 시간)=$7 - 2 = 5$(분)

❷ (민재가 7분 동안 걸은 거리)

$= 60 \times 7 = 420$ (m)

(서후가 5분 동안 걸은 거리)

$= 90 \times 5 = 450$ (m)

❸ (민재가 출발한 지 7분 후 두 사람 사이의 거리)

$= 450 - 420 = 30$ (m)

문해력 문제 4

❶ 도로 한쪽에 심은 벚나무의 수 구하기

$42 + 42 = 84$이므로

(도로 한쪽에 심은 벚나무 수)=42그루

❷ (도로 한쪽에 심은 벚나무 사이의 간격 수)

$= 42 - 1 = 41$(군데)

❸ (도로의 길이)

$= 7 \times 41 = 41 \times 7 = 287$ (m)

4-1 전략

산책로가 일직선 모양이므로
(간격 수)=(한쪽 가로등의 수)−1이다.

❶ 산책로 한쪽에 세운 가로등의 수 구하기

$39 + 39 = 78$이므로

(산책로 한쪽에 세운 가로등의 수)=39개

❷ (산책로 한쪽에 세운 가로등 사이의 간격 수)

$= 39 - 1 = 38$(군데)

❸ (산책로의 길이)

$= 9 \times 38 = 38 \times 9 = 342$ (m)

4-2 전략

호수가 원 모양이므로
(간격 수)=(쓰레기통의 수)이다.

❶ (쓰레기통 사이의 간격 수)=92군데

❷ (호수의 둘레)

$= 7 \times 92 = 92 \times 7 = 644$ (m)

3주 일 78~79쪽

문해력 문제 5

전략 ×

풀기 ❶ 84 / 8, 80

❷ 84, 164

답 164개

5-1 188개

5-2 역사책, 8쪽

5-3 107개

문해력 문제 5

❶ (판 김치만두의 수)=12×7=84(개)
   (판 갈비만두의 수)=10×8=80(개)

❷ (판 전체 만두의 수)
   =84+80=164(개)

5-1

전략
■개씩 ●상자, ■개씩 ● 바구니의 개수는
곱셈식 ■×●를 이용하여 구하자.

❶ (자두의 수)=14×7=98(개)
   (복숭아의 수)=18×5=90(개)

❷ (자두와 복숭아 수의 합)
   =98+90=188(개)

5-2 ❶ (읽은 동화책의 쪽수)=24×5=120(쪽)
      (읽은 역사책의 쪽수)=16×8=128(쪽)

❷ 어느 책을 몇 쪽 더 많이 읽었는지 구하기
   120<128이므로 역사책을 128−120=8(쪽)
   더 많이 읽었다.

5-3 ❶ (두발자전거의 수)=35−7=28(대)
      (세발자전거의 수)=25−8=17(대)

❷ (두발자전거의 바퀴 수)
   =2×28=28×2=56(개)
   (세발자전거의 바퀴 수)
   =3×17=17×3=51(개)

❸ (대여소에 남은 자전거의 전체 바퀴 수)
   =56+51=107(개)

주의
두발자전거 한 대의 바퀴는 2개, 세발자전거 한 대의 바퀴는 3개이다. 자전거의 바퀴 수에 주의하여 곱셈식을 세운다.

3주 일 80~81쪽

문해력 문제 6

전략 ×

풀기 ❶ 60

❷ 3 / 3, 30

❸ 30, 90

답 90분

6-1 92분   **6-2** 225초   **6-3** 252분

문해력 문제 6

❶ (음식을 만든 시간의 합)=15×4=60(분)

❷ (쉬는 횟수)=4−1=3(번)
   ➡ (쉬는 시간의 합)=10×3=30(분)

❸ (전체 걸린 시간)=60+30=90(분)

6-1 ❶ (아이스 링크를 도는 시간의 합)
      =16×5=80(분)

❷ (쉬는 횟수)=5−1=4(번)
   ➡ (쉬는 시간의 합)=3×4=12(분)

❸ (전체 걸린 시간)=80+12=92(분)

주의
마지막 아이스 링크를 돌고 나서는 쉬지 않으므로
(쉬는 횟수)=(아이스 링크를 도는 횟수)−1이다.

6-2 ❶ 한 층을 오르는 데 걸리는 시간 구하기
      1층에서 3층까지 두 층을 오르는 데 50초가 걸린다.
      25+25=50이므로 한 층을 오르는 데 걸리는
      시간은 25초이다.

❷ 전체 걸리는 시간 구하기
   (올라가는 층 수)=10−1=9(층)
   ➡ (전체 걸리는 시간)=25×9=225(초)

6-3 ❶ (자르는 횟수)=9−1=8(번)
      ➡ (철근을 자르는 시간의 합)
         =21×8=168(분)

❷ (쉬는 횟수)=8−1=7(번)
   ➡ (쉬는 시간의 합)=12×7=84(분)

❸ (전체 걸린 시간)=168+84=252(분)

주의
(자르는 횟수)=(도막 수)−1
(쉬는 횟수)=(자르는 횟수)−1
마지막에 철근을 자르고 나서는 쉬지 않는다는 것에 주의한다.

문해력 문제 7

풀기 ① 28

② 84, 112

③ 84, 3

답 3

7-1 5   **7**-2 4개   **7**-3 5

문해력 문제 7

① 어떤 수를 ■라 하여 곱셈식을 세우면 28×■이다.

② ■에 알맞은 수를 넣어 계산 결과 구하기

■＝3일 때: 28×3＝84

■＝4일 때: 28×4＝112

③ 어떤 수 구하기

100보다 작으면서 100에 가장 가까운 계산 결과는 84이다.

➡ 어떤 수 ■는 3이다.

7-1 ① 어떤 수를 □라 하여 곱셈식을 세우면 42×□이다.

② □에 알맞은 수를 넣어 계산 결과 구하기

□＝4일 때: 42×4＝168

□＝5일 때: 42×5＝210

③ 어떤 수 구하기

200보다 크면서 200에 가장 가까운 계산 결과는 210이다.

➡ 어떤 수 □는 5이다.

7-2 ① 모아야 하는 별의 수를 □라 하여 곱셈식을 세우면 15×□이다.

② □에 알맞은 수를 넣어 계산 결과 구하기

□＝3일 때: 15×3＝45

□＝4일 때: 15×4＝60

③ 모아야 하는 별의 수 구하기

50보다 큰 수 중 가장 작은 수는 60이다.

➡ 모아야 하는 별은 적어도 4개이다.

7-3 ① 어떤 수를 □라 하여 곱셈식을 세우면 74×□이다.

② □＝5일 때: 74×5＝370 ➡ 400−370＝30

□＝6일 때: 74×6＝444 ➡ 444−400＝44

③ 30<44이므로 400에 가장 가까운 계산 결과는 370이다.

➡ 어떤 수 □는 5이다.

문해력 문제 8

전략 24, 8 / 164

풀기 ①

13	14
13×6＝78	14×6＝84
11	10
11×8＝88	10×8＝80
78＋88＝166	84＋80＝164

② 14, 10

답 14마리, 10마리

8-1 16개, 14개

8-2 14대, 12대

8-1 ① 사각형과 삼각형의 꼭짓점 수의 합을 구하는 표 만들기

사각형의 수(개)	15	16
사각형의 꼭짓점 수(개)	15×4＝60	16×4＝64
삼각형의 수(개)	15	14
삼각형의 꼭짓점 수(개)	15×3＝45	14×3＝42
꼭짓점 수의 합(개)	60＋45＝105	64＋42＝106

② 사각형은 16개, 삼각형은 14개이다.

8-2 ① 오토바이와 승용차의 바퀴 수의 합을 구하는 표 만들기

오토바이의 수(대)	16	15	14
오토바이의 바퀴 수(개)	16×2＝32	15×2＝30	14×2＝28
승용차의 수(대)	10	11	12
승용차의 바퀴 수(개)	10×4＝40	11×4＝44	12×4＝48
바퀴 수의 합(개)	32＋40＝72	30＋44＝74	28＋48＝76

② 오토바이는 14대, 승용차는 12대이다.

3주 5 일 86~87쪽

기출 1

❶ 72, 72 / 72

❷ 18, 18 /
72, 6, 6

❸ ㉠×㉡＝18×6＝108

답 108

기출 2

❶ 예 9＞7＞6＞4＞2＞0

❷ 큰에 ○표, 9

❸ 큰에 ○표, 76

❹ 곱이 가장 크게 되는 곱셈식: 76×9＝684

답 684

기출 2

❷ 곱하는 수에 가장 큰 수를 넣어야 하므로 9를 넣는다.

❸ 나머지 수로 가장 큰 수를 만들어야 하므로 곱해지는 수는 76이다.

3주 6 일 88~89쪽

창의 3

❶ 1일에는 줄넘기를 6번 한다.

❷

4일	24×2＝48
5일	48×2＝96
6일	96×2＝192

❸ 예 줄넘기를 처음으로 100번보다 많이 한 날은 192번을 한 날인 6일이다.

답 6일

융합 4

❶ 9 / 4×9＝36 (m)

❷ 36, 6 / 12×6＝72(초)

답 72초

3주 주말 TEST 90~93쪽

1 186글자	**2** 108 m
3 153권	**4** 400 m
5 171개	**6** 103분
7 320 m	**8** 6
9 98분	**10** 14마리, 26마리

1 ❶ 한자를 외운 날수 구하기
(7월의 날수)＝31일, (8월의 날수)＝31일이므로
(한자를 외운 날수)＝31＋31＝62(일)

❷ (두 달 동안 외운 한자의 수)
＝3×62＝62×3＝186(글자)

2 ❶ (1분 후 찬주와 태희 사이의 거리)
＝98－80＝18 (m)

❷ (6분 후 찬주와 태희 사이의 거리)
＝18×6＝108 (m)

> **참고**
> 찬주와 태희가 서로 같은 방향으로 갔으므로 1분 후 찬주와 태희 사이의 거리는 간 거리의 차로 구한다.

3 ❶ (동화책의 수)＝13×6＝78(권)
(위인전의 수)＝15×5＝75(권)

❷ (동화책과 위인전 수의 합)
＝78＋75＝153(권)

4 ❶ (10초 후 동현이와 우정이 사이의 거리)
＝41＋39＝80 (m)

❷ (지금 동현이와 우정이 사이의 거리)
＝80×5＝400 (m)

5 ❶ 1시간 3분＝60분＋3분＝63분

❷ 63분은 7분의 몇 배인지 구하기
7×9＝63이므로 63분은 7분의 9배이다.

❸ (1시간 3분 동안 만들 수 있는 국화빵의 수)
＝19×9＝171(개)

6 ❶ (공원을 도는 시간의 합)
＝22×4＝88(분)

❷ (쉬는 횟수)＝4－1＝3(번)
➜ (쉬는 시간의 합)＝5×3＝15(분)

❸ (전체 걸린 시간)
＝88＋15＝103(분)

7

> **전략**
> 산책로가 일직선 모양이므로
> (간격 수)=(한쪽 나무의 수)−1이다.

❶ 산책로 한쪽에 심은 나무의 수 구하기
41+41=82이므로
(산책로 한쪽에 심은 나무의 수)=41그루
❷ (산책로 한쪽에 심은 나무 사이의 간격 수)
=41−1=40(군데)
❸ (산책로의 길이)=8×40=40×8=320 (m)

8 ❶ 어떤 수를 □라 하여 곱셈식을 세우면 51×□이
다.
❷ □에 알맞은 수를 넣어 계산 결과 구하기
□=5일 때: 51×5=255
□=6일 때: 51×6=306
❸ 어떤 수 구하기
300보다 크면서 300에 가장 가까운 계산 결과는
306이다.
➡ 어떤 수 □는 6이다.

9

> **전략**
> 통나무를 □도막으로 자르려면 (□−1)번 잘라야 한다.

❶ 3도막으로 자르려면 3−1=2(번) 잘라야 하고
28분이 걸린다.
14+14=28이므로
한 번 자르는 데 걸리는 시간은 14분이다.
❷ (통나무를 자르는 횟수)=8−1=7(번)
(걸리는 시간)=14×7=98(분)

10 ❶ 닭과 돼지의 다리 수의 합을 구하는 표 만들기

닭의 수(마리)	15	14
닭의 다리 수(개)	15×2=30	14×2=28
돼지의 수(마리)	25	26
돼지의 다리 수(개)	25×4=100	26×4=104
다리 수의 합(개)	30+100=130	28+104=132

❷ 닭은 14마리, 돼지는 26마리이다.

4주 길이와 시간

4주 준비학습 **96~97쪽**

> **1** 60, 150 ≫ 150초
>
> **2** 60, 1 ≫ 1시간 15분
>
> **3** 9시 55분 ≫ 9, 55 / 9시 55분
>
> **4**   5시   35분
>   − 2 시간   10분
>   3 시   25분
>   ≫ 5시 35분−2시간 10분=3시 25분 / 3시 25분
>
> **5** 1 km 850 m ≫ 1, 850 / 1 km 850 m
>
> **6**   4 km   500 m
>   − 3 km   200 m
>   1 km   300 m
>   ≫ 4 km 500 m−3 km 200 m=1 km 300 m /
>   1 km 300 m

1 2분 30초=60초+60초+30초
=150초

2 75분=60분+15분
=1시간 15분

3

> **전략**
> ~ 후의 시각은 시간의 덧셈으로 구하자.

(지금 시각)+1시간 25분
=8시 30분+1시간 25분
=9시 55분

4

> **전략**
> ~ 전의 시각은 시간의 뺄셈으로 구하자.

(지금 시각)−2시간 10분
=5시 35분−2시간 10분
=3시 25분

6 (민서가 걸은 거리)−(예린이가 걸은 거리)
=4 km 500 m−3 km 200 m
=1 km 300 m

정답과 해설

| 4주 준비학습 | 98~99쪽 |

1 110분

2 8시 59분−6시 32분=2시간 27분 /
2시간 27분

3 7시 30분+24분 30초=7시 54분 30초 /
7시 54분 30초

4 55분 20초+20분 30초=1시간 15분 50초 /
1시간 15분 50초

5 24시간−14시간 20분=9시간 40분 /
9시간 40분

6 1 m 14 cm+46 cm=1 m 60 cm /
1 m 60 cm

7 20 cm 8 mm−12 cm 5 mm=8 cm 3 mm /
8 cm 3 mm

1 1시간 50분=60분+50분=110분

2 (상영 시간)=(끝난 시각)−(시작한 시각)
    =8시 59분−6시 32분
    =2시간 27분

3 (하진이가 일어난 시각)
    =(예지가 일어난 시각)+24분 30초
    =7시 30분+24분 30초=7시 54분 30초

5 (밤의 길이)
    =(하루의 시간)−(낮의 길이)
    =24시간−14시간 20분=9시간 40분

6 (이서의 키)
    =(예준이의 키)+46 cm
    =1 m 14 cm+46 cm=1 m 60 cm

7 (다른 한 도막의 길이)
    =(처음 가래떡의 길이)−(한 도막의 길이)
    =20 cm 8 mm−12 cm 5 mm
    =8 cm 3 mm

| 4주 1일 | 100~101쪽 |

문해력 문제 1

전략 +

풀이 ❶ 1, 15, 10
    ❷ 10, 9, 30

답 오후 9시 30분

1-1 오후 6시 15분

1-2 오후 6시 40분

1-3 오전 9시 8분

1-1 ❶ (국어 강의가 끝난 시각)
    =오후 4시 20분+1시간 15분
    =오후 5시 35분
    ❷ (영어 강의가 끝난 시각)
    =오후 5시 35분+40분
    =오후 6시 15분

1-2 ❶ (만나기로 약속한 시각)
    =오후 3시 50분+2시간 30분
    =오후 6시 20분
    ❷ (지아가 도착한 시각)
    =오후 6시 20분+20분
    =오후 6시 40분

참고
• (시각)+(시간)=(시각)
• (시간)+(시간)=(시간)

1-3 ❶ (수미가 도착한 시각)
    =오전 9시 되기 10분 전
    =오전 8시 50분
    ❷ (소정이가 도착한 시각)
    =오전 8시 50분−18분
    =오전 8시 32분
    ❸ (아라가 도착한 시각)
    =오전 8시 32분+36분
    =오전 9시 8분

주의
'더 빨리' 도착한 시각은 뺄셈을 하여 구하고
'더 늦게' 도착한 시각은 덧셈을 하여 구한다.

문해력 문제 2

전략 ―

풀이 ❶ 60, 1, 10

❷ 1, 10, 4, 10

답 오후 4시 10분

2-1 오전 9시 55분

2-2 오후 7시 5분

2-3 오후 4시 5분

2-1 ❶ (연습한 시간)＝100분

＝60분＋40분

＝1시간 40분

❷ (연습을 시작한 시각)

＝오전 11시 35분－1시간 40분

＝오전 9시 55분

참고

• (시간)－(시간)＝(시간)　• (시각)－(시간)＝(시각)

• (시각)－(시각)＝(시간)

2-2 ❶ (저녁 식사를 한 시간)＋(쉰 시간)

＋(숙제를 한 시간)

＝35분＋10분＋40분＝85분

➡ 85분＝60분＋25분＝1시간 25분

❷ (저녁 식사를 시작한 시각)

＝오후 8시 30분－1시간 25분

＝오후 7시 5분

다르게 풀기

❶ (숙제를 시작한 시각)

＝오후 8시 30분－40분＝오후 7시 50분

❷ (저녁 식사를 시작한 시각)

＝오후 7시 50분－10분－35분＝오후 7시 5분

2-3 ❶ (장을 본 시간)＋(이동한 시간)＋(식사한 시간)

＝1시간 20분＋25분＋1시간 10분

＝1시간 45분＋1시간 10분

＝2시간 55분

❷ (마트에 도착한 시각)

＝(식사를 마친 시각)－(❶에서 구한 시간)

(마트에 도착한 시각)＝오후 7시－2시간 55분

＝오후 4시 5분

문해력 문제 3

풀이 ❶ 11, 5

❷ 11, 5, 3, 30

답 3시간 30분

3-1 7시간 4분

3-2 3시간 48분 20초

3-3 1시간 40분

3-1 **전략**

두 시각의 차이, 즉 사이의 시간을 구할 때에는 시간의 뺄셈을 하자.

❶ (밀물 시각)＝오전 7시 12분

(썰물 시각)＝오후 2시 16분

＝(2＋12)시 16분

＝14시 16분

❷ (밀물과 썰물 시각의 차이)

＝14시 16분－7시 12분

＝7시간 4분

참고

오전과 오후가 섞인 시간의 계산을 할 때,

오후 시각을 하루 24시간을 기준으로 나타내 계산한다.

3-2 ❶ (출발한 시각)＝오전 9시 15분

(도착한 시각)＝오후 1시 3분 20초

＝(1＋12)시 3분 20초

＝13시 3분 20초

❷ (달린 시간)

＝13시 3분 20초－9시 15분

＝3시간 48분 20초

3-3 ❶ 송아지 우유주기, 치즈 만들기의 시작 시각을 읽기

체험 시작 시각은

송아지 우유주기: 4시 25분,

치즈 만들기: 6시 5분

❷ (송아지 우유주기 체험을 하는 시간)

＝6시 5분－4시 25분

＝1시간 40분

문해력 문제 4

전략 뜬

풀이 ❶ 12, 19

❷ 19, 13, 6, 15

답 13시간 6분 15초

4-1 9시간 45분

4-2 4시간 52분

4-3 11시간 6분, 12시간 54분

문해력 문제 4

❶ (해가 진 시각)=오후 7시 30분 45초

=(7+12)시 30분 45초

=19시 30분 45초

❷ (낮의 길이)=19시 30분 45초−6시 24분 30초

=13시간 6분 15초

4-1 전략

낮의 길이를 구할 때에는 해가 떠 있는 시간을 구하자.

❶ 해넘이 시각을 하루 24시간을 기준으로 나타내기

(해넘이 시각)=오후 5시 20분

=(5+12)시 20분

=17시 20분

❷ (낮의 길이)=(해넘이 시각)−(해돋이 시각)

(낮의 길이)=17시 20분−7시 35분

=9시간 45분

4-2 ❶ (밤의 길이)=24시간−(낮의 길이)

(밤의 길이)=24시간−9시간 34분

=14시간 26분

❷ (밤의 길이)−(낮의 길이)

=14시간 26분−9시간 34분

=4시간 52분

4-3 ❶ (해가 진 시각)=오후 6시 12분

=(6+12)시 12분

=18시 12분

❷ (낮의 길이)=(해가 진 시각)−(해가 뜬 시각)

(낮의 길이)=18시 12분−7시 6분

=11시간 6분

❸ (밤의 길이)=24시간−(낮의 길이)

(밤의 길이)=24시간−11시간 6분

=12시간 54분

문해력 문제 5

전략 +

풀이 ❶ 900

❷ 900, 4, 100

답 4 km 100 m

5-1 1 km 600 m

5-2 4 km 800 m

5-1 그림 그리기

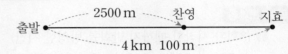

❶ (찬영이가 간 거리)

=2500 m=2 km 500 m

❷ (지금 두 사람 사이의 거리)

=4 km 100 m−2 km 500 m

=1 km 600 m

주의

두 사람이 서로 같은 방향으로 갔는지, 반대 방향으로 갔는지 주의하며 계산한다.

5-2 그림 그리기

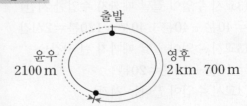

❶ (윤우가 간 거리)

=2100 m=2 km 100 m

❷ (호수 둘레의 길이)

=2 km 100 m+2 km 700 m

=4 km 800 m

문해력 문제 6

풀기 ❶ 100, 40

❷ 10, 20

❸ 40, 20, 6, 20

답 오후 6시 20분

6-1 오후 6시 30분

6-2 오전 11시 10분

6-3 오전 6시 32분

문해력 문제 6

❶ (3회가 시작할 때까지 만화를 방영한 시간)
　＝50분＋50분＝100분＝1시간 40분

❷ (3회가 시작할 때까지 광고한 시간)
　＝10분＋10분＝20분

❸ (3회가 시작하는 시각)
　＝오후 4시 20분＋1시간 40분＋20분
　＝오후 6시 20분

6-1 ❶ (끝날 때까지 경기한 시간)
　＝45분＋45분
　＝90분＝1시간 30분

❷ (쉰 시간)＝10분

❸ (경기가 끝나는 시각)
　＝오후 4시 50분＋1시간 30분＋10분
　＝오후 6시 30분

6-2 ❶ (3교시 수업이 끝날 때까지 수업한 시간)
　＝40분＋40분＋40분＝120분＝2시간

❷ (3교시 수업이 끝날 때까지 쉰 시간)
　＝10분＋10분＝20분

❸ (3교시 수업이 끝나는 시각)
　＝오전 8시 50분＋2시간＋20분
　＝오전 11시 10분

6-3 ❶ (다섯 번째 역에 도착할 때까지 이동한 시간)
　＝2분 30초＋2분 30초＋2분 30초＋2분 30초
　＝10분

❷ (다섯 번째 역에 도착할 때까지 정차한 시간)
　＝40초＋40초＋40초＝120초＝2분

❸ (다섯 번째 역에 도착한 시각)
　＝오전 6시 20분＋10분＋2분
　＝오전 6시 32분

문해력 문제 7

풀기 ❶ 120, 144

❷ 1(또는 한), 144, 144

답 144바퀴

7-1 190바퀴

7-2 105바퀴

7-3 오후 5시 50분

문해력 문제 7

❶ (전시회를 구경한 시간)＝2시간 24분
　　　　　　　　　　　　＝120분＋24분＝144분

❷ 1분에 초바늘이 시계를 1바퀴 돌므로 전시회를
　구경한 시간인 144분 동안에는 초바늘이 시계를
　144바퀴 돈다.

7-1
전략
초바늘이 시계를 도는 횟수를 구하려면 주어진 시간을 분 단위로 바꾸자.

❶ (시청한 시간)＝3시간 10분
　　　　　　　　＝180분＋10분＝190분

❷ 190분 동안에는 초바늘이 시계를 190바퀴 돈다.

참고
초바늘이 시계를 한 바퀴 도는 데 걸리는 시간은 60초＝1분이다.

7-2 ❶ (등반을 한 시간)＝(정상에 도착한 시각)−(출발한 시각)
　(등반을 한 시간)
　＝오전 11시 5분−오전 9시 20분
　＝1시간 45분
　➡ 1시간 45분＝60분＋45분＝105분

❷ 105분 동안에는 초바늘이 시계를 105바퀴 돈다.

참고
1시간＝60분, 1분＝60초

7-3 ❶ 초바늘이 220바퀴를 도는 데 걸리는 시간은 220분이다.
　➡ 220분＝60분＋60분＋60분＋40분
　　　　　＝3시간 40분

❷ (끝난 시각)＝(체험을 시작한 시각)＋(❶에서 구한 시간)
　(끝난 시각)＝오후 2시 10분＋3시간 40분
　　　　　　　＝오후 5시 50분

4주 4일   114 ~ 115쪽

문해력 문제 8

전략 +

풀이 ❶ 5

❷ 9, 72, 12

❸ 5, 12, 5, 1, 12

답 오후 5시 1분 12초

8-1 오전 9시 28분 54초

8-2 오전 11시 1분 21초

문해력 문제 8

❶ 오전 8시부터 9시간 후는 오후 5시이다.

❷ (9시간 동안 빨라지는 시간)
  =8×9=72(초)
  ➡ 1분 12초

❸ (9시간 후에 시계가 가리키는 시각)
  =오후 5시+1분 12초
  =오후 5시 1분 12초

8-1 ❶ 오후 10시 30분부터 11시간 후는 다음날 오전 9시 30분이다.

❷ (11시간 동안 느려지는 시간)
  =6×11=66(초)
  ➡ 1분 6초

❸ (11시간 후에 시계가 가리키는 시각)
  =오전 9시 30분−1분 6초
  =오전 9시 28분 54초

8-2 **전략**
빨라지는 시계가 나타내는 시각을 구하려면
(정확한 시각)+(빨라지는 시간)을 구하자.

❶ 10월 4일 오전 11시부터 10월 13일 오전 11시 까지는 9일이다.

❷ (9일 동안 빨라지는 시간)
  =9×9=81(초)
  ➡ 1분 21초

❸ (10월 13일 오전 11시에 시계가 나타내는 시각)
  =오전 11시+1분 21초
  =오전 11시 1분 21초

4주 5일   116 ~ 117쪽

기출 1

❶ 6, 7

❷ 35, 35 / 30, 30 / 6, 35

❸ (걸린 시간)=오후 7시 20분−오후 6시 35분=45분

답 45분

기출 2

❶ ㉢ / ㉢, 890

❷ ㉡, ㉢, ㉣ / ㉢, ㉣, ㉢

❸ 4, 890 /
  예 17 km 850 m−7 km 210 m−4 km 890 m
  −4 km 890 m=860 m

답 860 m

기출 2

❸ (㉠+㉡+㉢)+(㉡+㉢+㉣)+(㉡+㉢+㉣)+㉢
    7 km 210 m   4 km 890 m   4 km 890 m
  =17 km 850 m
  ➡ ㉢=17 km 850 m−7 km 210 m
        −4 km 890 m−4 km 890 m
  =860 m

4주 5일   118 ~ 119쪽

융합 3

❶ **예** 1일 오후 6시 30분+8시간=2일 오전 2시 30분

❷ **예** 2일 오전 2시 30분−1일 오후 9시=5시간 30분

답 5시간 30분

창의 4

❶ 4, 2 /
  예 500 m+500 m+500 m+500 m
  +400 m+400 m=2800 m=2 km 800 m

❷ 1, 2 /
  예 500 m+400 m+400 m=1300 m
  =1 km 300 m

❸ 2 km 800 m+1 km 300 m=4 km 100 m

답 4 km 100 m

4주 주말 TEST 120~123쪽

1 오후 3시 46분 30초	**2** 4시간 34분
3 1 km 400 m	**4** 112바퀴
5 오후 2시 40분	**6** 14시간 43분 40초
7 오후 7시 40분	**8** 4 km 100 m
9 207바퀴	**10** 오전 3시 17분 5초

1 ❶ (축구가 끝난 시각)
  =오후 2시 25분+1시간 5분
  =오후 3시 30분
 ❷ (집에 도착한 시각)
  =오후 3시 30분+16분 30초
  =오후 3시 46분 30초

2 ❶ (서울에서 출발한 시각)=오전 10시 50분
  (부산에 도착한 시각)=오후 3시 24분
  =(3+12)시 24분
  =15시 24분
 ❷ (걸린 시간)=15시 24분−10시 50분
  =4시간 34분

참고
오전과 오후가 섞인 시간의 계산을 할 때,
오후 시각을 하루 24시간을 기준으로 하여 나타낸다.

3 그림 그리기

출발 ─── 1700 m ─── 민주 ─── 채아
  ─────── 3 km 100 m ───────

 ❶ (민주가 걸은 거리)=1700 m
  =1 km 700 m
 ❷ (지금 두 사람 사이의 거리)
  =3 km 100 m−1 km 700 m
  =1 km 400 m

4 ❶ (구경한 시간)
  =1시간 52분=60분+52분=112분
 ❷ 112분 동안에는 초바늘이 시계를 112바퀴 돈다.

5 ❶ (청소한 시간)
  =150분=60분+60분+30분
  =2시간 30분
 ❷ (청소를 시작한 시각)
  =오후 5시 10분−2시간 30분
  =오후 2시 40분

6 ❶ (해가 진 시각)
  =오후 7시 55분 50초
  =(7+12)시 55분 50초
  =19시 55분 50초
 ❷ (낮의 길이)
  =19시 55분 50초−5시 12분 10초
  =14시간 43분 40초

7 ❶ (끝날 때까지 경기한 시간)
  =40분+40분
  =80분=1시간 20분
 ❷ (쉰 시간)=10분
 ❸ (경기가 끝나는 시각)
  =오후 6시 10분+1시간 20분+10분
  =오후 7시 30분+10분
  =오후 7시 40분

8 그림 그리기

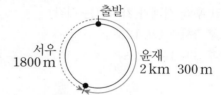

 ❶ (서우가 간 거리)=1800 m
  =1 km 800 m
 ❷ (공원 둘레의 길이)
  =1 km 800 m+2 km 300 m
  =4 km 100 m

9 ❶ (야구 경기를 한 시간)
  =오후 8시 12분−오후 4시 45분
  =3시간 27분
  ➡ 3시간 27분=60분+60분+60분+27분
  =207분
 ❷ 207분 동안에는 초바늘이 시계를 207바퀴 돈다.

10 ❶ 오후 8시 20분부터 7시간 후의 시각 구하기
  오후 8시 20분부터 7시간 후는 다음날 오전 3시
  20분이다.
 ❷ 7시간 동안 느려지는 시간은 몇 분 몇 초인지 구하기
  (7시간 동안 느려지는 시간)
  =25×7=175(초)
  ➡ 2분 55초
 ❸ (7시간 후에 시계가 가리키는 시각)
  =오전 3시 20분−2분 55초
  =오전 3시 17분 5초

1주 덧셈과 뺄셈

1주 1일 복습 1~2쪽

1 333명	**2** 300원	**3** 277석
4 떡꼬치	**5** 배	**6** 어린이, 48명

1 ❶ (수영을 통과한 사람 수)
  $=725-178=547$(명)
  ❷ (마라톤을 한 사람 수)
  $=547-214=333$(명)

2 ❶ (컵라면 2개의 값)
  $=1600+1600=3200$(원)
  ❷ (김밥 한 줄의 값)+(컵라면 2개의 값)
  $=2500+3200=5700$(원)
  ❸ (거스름돈)$=6000-5700=300$(원)

3 ❶ (서울역에서 탄 사람 수)
  $=221+175=396$(명)
  ❷ (광명역에서 탄 사람 수)
  $=152+140=292$(명)
  ❸ (빈 좌석 수)$=965-396-292=277$(석)

4 <u>전략</u>
구하려는 것에 따라 기준을 정하여 더해야 하는 수끼리 묶어 보자.

  ❶ (판매한 어묵꼬치의 수)$=147+206=353$(개)
  (판매한 떡꼬치의 수)$=184+178=362$(개)
  ❷ $353<362$이므로 떡꼬치가 더 많이 팔렸다.

5 ❶ (남은 사과의 수)
  $=816-550=266$(개)
  (남은 배의 수)
  $=735-458=277$(개)
  ❷ $266<277$이므로 배가 더 많이 남았다.

6 ❶ (입장한 어른 수)
  $=240+358=598$(명)
  (입장한 어린이 수)
  $=327+319=646$(명)
  ❷ $598<646$이므로 어린이가 $646-598=48$(명)
  더 많이 입장하였다.

1주 2일 복습 3~4쪽

1 892상자	**2** 457	**3** 382 m
4 146명	**5** 281명	**6** 118명

1 ❶
234상자 658상자
그저께   어제   오늘
판매량   판매량   판매량
  ❷ 그저께는 오늘보다 판매량이
  $234+658=892$(상자) 더 적었다.

2 ❶
816
359
㉠   ㉡   ㉢
  ❷ ㉢은 ㉡보다 $816-359=457$만큼 더 큰 수이다.

3 ❶
128 m 451 m
민서 윤재   로운 197 m 시안
  ❷ (윤재와 로운이 사이의 거리)
  $=451-197=254$ (m)
  ❸ 민서는 로운이보다 $128+254=382$ (m) 앞에 있다.

4 ❶ (검은색 펜을 가진 사람 수)
  +(파란색 펜을 가진 사람 수)
  $=253+278=531$(명)
  ❷ (두 펜을 모두 가진 사람 수)
  $=531-385=146$(명)

5 ❶ (치킨을 좋아하는 학생 수)
  +(피자를 좋아하는 학생 수)
  $=176+229=405$(명)
  ❷ (서진이네 학교 학생 수)$=405-124=281$(명)

6 <u>그림 그리기</u>
바이킹을   롤러코스터를
탄 사람(265명) 탄 사람(289명) 둘 다 타지 않은
                                사람(314명)

모두 탄 사람   놀이공원에 입장한 사람(750명)
  ❶ (바이킹을 탄 사람 수)+(롤러코스터를 탄 사람 수)
  +(둘 다 타지 않은 사람 수)
  $=265+289+314=868$(명)
  ❷ (바이킹과 롤러코스터를 모두 탄 사람 수)
  $=868-750=118$(명)

정답과 해설

1 192	2 270개	3 1281
4 193점	5 134쪽, 135쪽	6 27상자

1 ❶ 재용이가 생각한 수를 □라 하면 □+245=862

  ❷ □=862−245=617

    ➡ (재용이가 생각한 수)=617

  ❸ (태희가 생각한 수)=617−425=192

2 ❶ 만든 만두를 □개라 하여 잘못 포장한 것을 식으로 쓰면 □−1320=180이다.

  ❷ □=180+1320=1500

    ➡ (만든 만두의 수)=1500개

  ❸ (바르게 포장했을 때 남는 만두의 수)
    =1500−1230=270(개)

3 ❶ ㉠의 백, 십의 자리 숫자를 바꾼 수를 □라 하면 □+543=921이다.

  ❷ □=921−543=378

    ➡ (㉠의 백, 십의 자리 숫자를 바꾼 수)=378

  ❸ ㉠은 378에서 백, 십의 자리 숫자를 바꾼 수인 738이다.

  ❹ (바르게 계산한 값)=738+543=1281

4 ❶ (아빠의 점수)=□점이라 하면
    (혜솔이의 점수)=□−111(점)이다.

  ❷ □+□−111=275

    ➡ □+□=386이므로 □=193
    따라서 아빠의 점수는 193점이다.

5 ❶ (더 작은 쪽수)=□쪽이라 하면
    (더 큰 쪽수)=□+1(쪽)이다.

  ❷ □+□+1=269

    ➡ □+□=268이므로 □=134
    따라서 나온 두 쪽수는 134쪽, 135쪽이다.

6 ❶ (복숭아의 수)=□개라 하면
    (자두의 수)=□+165(개)이다.

  ❷ □+□+165=705

    ➡ □+□=540이므로 □=270

  ❸ 딴 복숭아 270개를 한 상자에 10개씩 담아 포장하면 27상자가 된다.

1 754개	2 3030원	3 290명
4 600원	5 245권	6 95개

1 ❶ (반납하기 전의 구명조끼의 수)
    =592−283=309(개)

  ❷ (처음 대여소에 있던 구명조끼의 수)
    =309+445=754(개)

2 ❶ (오늘 저금하기 전에 들어 있던 돈)
    =4280−700=3580(원)

  ❷ (어제 저금하기 전에 들어 있던 돈)
    =3580−550=3030(원)

3 ❶ (유주네 학교 학생 수)=504+182=686(명)

  ❷ (소민이네 학교 학생 수)=686−106=580(명)

  ❸ 580=290+290

    ➡ (소민이네 학교 남학생 수)=290명

4 ❶ (전체 금액)=1800+3000=4800(원)

  ❷ 진서에게 주고 나서 두 사람이 가지는 돈을 □원이라 하면 □+□=4800이므로
    언니는 2400원을 가지게 된다.

  ❸ (언니가 진서에게 준 돈)
    =3000−2400=600(원)

> **참고**
> ❸은 진서가 언니에게 받은 돈이 얼마인지 구해도 된다.
> (언니에게 받은 후 진서의 돈)−(처음 진서의 돈)
> =2400−1800=600(원)

5 ❶ (전체 책의 수)=456+388=844(권)

  ❷ 옮기고 나서 본관의 책을 □권이라 하면 별관의 책은 □+□+□(권)이다.
    □+□+□+□=844이므로 본관의 책은 211권이 된다.

  ❸ (처음 본관의 책의 수)−(옮기고 나서 본관의 책의 수)
    (본관에서 별관으로 옮긴 책의 수)
    =456−211=245(권)

6 ❶ (전체 밤의 수)=489+395=884(개)

  ❷ 1반이 2반에게 주고 나서 2반의 밤을 □개라 하면 1반의 밤은 □−96(개)이다.
    □+□−96=884
    ➡ □+□=980이므로 2반의 밤은 490개가 된다.

  ❸ (1반이 2반에게 준 밤의 수)=490−395=95(개)

정답과 해설

1 158	**2** 189
3 5	**4** 2

1 ❶ (가 원 안에 있는 네 수의 합)
　＝(다 원 안에 있는 네 수의 합)
　➡ 351＋190＋316＋㉠
　　＝316＋㉠＋383＋㉡
❷ 351＋190＝383＋㉡
　➡ 541＝383＋㉡, ㉡＝541－383＝158

다르게 풀기
❶ (나 원 안에 있는 네 수의 합)
　＝(다 원 안에 있는 네 수의 합)
　➡ 190＋284＋㉠＋383
　　＝316＋㉠＋383＋㉡
❷ 190＋284＝316＋㉡
　➡ 474＝316＋㉡, ㉡＝474－316＝158

참고
식에서 '＝'를 기준으로 양쪽에 있는 같은 수를 지워서 간단히 계산할 수 있다.

2 ❶ (B 원 안에 있는 네 수의 합)
　＝(C 원 안에 있는 네 수의 합)
　➡ 154＋㉠＋241＋㉡
　　＝㉠＋206＋㉡＋(색칠한 부분의 수)
❷ 154＋241＝206＋(색칠한 부분의 수)
　➡ 395＝206＋(색칠한 부분의 수),
　　(색칠한 부분의 수)＝395－206＝189

3 ❶ ㉠은 0, 1, 4, 7, 8이 될 수 없으므로 ㉠의 수의
　범위는 1＜㉠＜4, 4＜㉠＜7이 될 수 있다.
❷ 1＜㉠＜4일 때:
　874－10㉠＝771이므로 ㉠＝3
```
  8 7 4
- 1 0 ㉠
  7 7 1
```
　4＜㉠＜7일 때:
　87㉠－104＝771이므로 ㉠＝5
```
  8 7 ㉠
- 1 0 4
  7 7 1
```
❸ ㉠이 될 수 있는 수 3, 5 중 가장 큰 수는 5이다.

4 ❶ ㉠은 3, 4, 7, 8, 9가 될 수 없으므로 ㉠의 수의
　범위는 0＜㉠＜3, 4＜㉠＜7이 될 수 있다.
❷ 0＜㉠＜3일 때:
　987－㉠34＝753이므로 ㉠＝2
```
  9 8 7
- ㉠ 3 4
  7 5 3
```
　4＜㉠＜7일 때:
　987－34㉠의 계산 결과가 753이 될 수 없다.
❸ ㉠은 2이다.

---

1 5개	**2** 6개	**3** 8줄
4 13마리	**5** 치즈 김밥, 2개	**6** 16명

1
전략
똑같이 나눈 몫을 구하려면 나누어지는 수와 나누는 수를 찾자.

❶ (남은 감자의 수)＝50－5＝45(개)
❷ (한 사람이 먹은 감자의 수)
　＝45÷9＝5(개)

2 ❶ (전체 화살의 수)＝8×5＝40(개)
❷ (남은 화살의 수)＝40－4＝36(개)
❸ (친구 한 명이 던진 화살의 수)＝36÷6＝6(개)

3 ❶ (남학생 수)＝4×9＝36(명)
　(여학생 수)＝7×4＝28(명)
❷ (전체 학생 수)＝36＋28＝64(명)
❸ (한 줄에 8명씩 설 때 줄의 수)
　＝64÷8＝8(줄)

4 ❶ (오리의 수)＝16÷2＝8(마리)
　(고양이의 수)＝20÷4＝5(마리)
❷ (오리와 고양이 수의 합)
　＝8＋5＝13(마리)

5 ❶ (참치 김밥을 담은 통의 수)＝21÷3＝7(개)
　(치즈 김밥을 담은 통의 수)＝18÷2＝9(개)
❷ 7＜9이므로 치즈 김밥을 담은 통이
　9－7＝2(개) 더 많다.

6 ❶ (전체 남학생 수)÷(승합차 한 대에 탄 남학생 수)
　(승합차의 수)＝40÷5＝8(대)
❷ (승합차 한 대에 탄 여학생 수)×(승합차의 수)
　(여학생 수)＝3×8＝24(명)
❸ (남학생 수)－(여학생 수)
　＝40－24＝16(명)

2주 2일 복습 13 ~ 14쪽

1 35초	2 180분	3 12분
4 6개	5 9일	6 5명

1 ❶ (만두 한 개를 빚는 시간)=20÷4=5(초)
　❷ (만두 7개를 빚는 데 걸리는 시간)
　　=5×7=35(초)

2 ❶ (쿠키 54개를 구울 때 오븐의 작동 횟수)
　　=54÷6=9(번)
　❷ (쿠키 54개를 굽는 데 걸리는 시간)
　　=20×9=180(분)

3 ❶ 김포공항역에서 까치산역 사이는 6개 구간이다.
　　(한 구간을 가는 데 걸리는 시간)
　　=18÷6=3(분)
　❷ 신정역에서 영등포구청역 사이는 4개 구간이다.
　　(신정역에서 영등포구청역까지 가는 데 걸리는 시간)
　　=3×4=12(분)

4 ❶ 봉지의 수를 □개라 하면
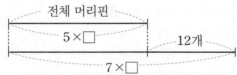
　❷ 5×□와 7×□의 차가 12이므로 2×□=12이다.
　　➡ □=12÷2=6이므로 봉지는 6개이다.

5 ❶ 푸는 날수를 □일이라 하면
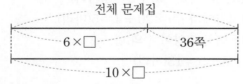
　❷ 6×□와 10×□의 차가 36이므로 4×□=36이다.
　　➡ □=36÷4=9이므로 연산 문제집을 푸는
　　　날수는 9일이다.

6 ❶ 친구의 수를 □명이라 하면
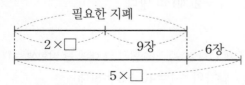
　❷ 2×□와 5×□의 차는 9+6=15이므로
　　3×□=15이다.
　　➡ □=15÷3=5이므로 민서네 모둠 친구들은
　　　5명이다.

2주 3일 복습 15 ~ 16쪽

1 시안	2 2배	3 보라색 꽃
4 5장	5 $\frac{2}{9}$	6 2마리

1 ❶ 시안이가 마신 음료수: 전체를 똑같이 10으로 나눈
　　것 중의 10−3−2=5 ➡ 전체의 $\frac{5}{10}$
　❷ $\frac{5}{10} > \frac{3}{10} > \frac{2}{10}$ ➡ 시안이가 가장 많이 마셨다.

2 ❶ 페인트를 칠한 의자: 전체 의자를 똑같이 6으로
　　나눈 것 중의 1+3=4 ➡ 전체 의자의 $\frac{4}{6}$
　　남은 의자: 전체 의자를 똑같이 6으로 나눈 것 중의
　　6−4=2 ➡ 전체 의자의 $\frac{2}{6}$
　❷ $\frac{4}{6}$는 $\frac{2}{6}$의 2배이므로 페인트를 칠한 의자는 남은
　　의자의 2배이다.

3 ❶ 분홍색 꽃: 전체를 똑같이 25로 나눈 것 중의 10
　　➡ 전체의 $\frac{10}{25}$
　　보라색 꽃: 전체를 똑같이 25로 나눈 것 중의
　　25−8−10=7 ➡ 전체의 $\frac{7}{25}$
　❷ $\frac{7}{25} < \frac{8}{25} < \frac{10}{25}$이므로 보라색 꽃이 가장 적다.

4 ❶ (동생에게 주고 남은 캐릭터 카드의 수)
　　=10−3=7(장)
　❷ (형에게 준 캐릭터 카드의 수)=7장의 $\frac{2}{7}$=2장
　❸ (동생과 형에게 주고 남은 캐릭터 카드의 수)
　　=7−2=5(장)

5 ❶ (나은이가 이기지 않은 횟수)=9−3=6(번)
　❷ (두 사람이 비긴 횟수)=6번의 $\frac{4}{6}$=4번
　❸ (서우가 이긴 횟수)=6−4=2(번)
　　2번은 전체 횟수 9번의 $\frac{2}{9}$이다.

6 ❶ (돼지의 다리 수)=4×7=28(개)
　　(돼지를 뺀 나머지 다리 수)=48−28=20(개)
　❷ (타조의 다리 수)=20개의 $\frac{12}{20}$=12개
　❸ (양의 다리 수)=20−12=8(개)
　　(양의 수)=8÷4=2(마리)

2주 4일 복습   17 ~ 18쪽

1 3호	2 2반	3 서아
4 96켤레	5 450판	6 30분

1 ❶ 1호 버스에 탄 학생: 전체 좌석의 $\frac{7}{10}=0.7$

❷ $0.8>0.7>0.6$이므로 가장 많은 학생이 탄 버스는 3호이다.

2 ❶ 2반의 안경을 낀 학생: 전체의 $0.2=\frac{2}{10}$

❷ $\frac{2}{10}<\frac{4}{10}<\frac{5}{10}$

안경을 끼지 않은 학생이 가장 많은 반은 안경을 낀 학생이 가장 적은 반이므로 2반이다.

3 ❶ 서아의 남은 거리: 전체의 $\frac{1}{8}$

윤우의 남은 거리: 전체의 $\frac{1}{5}$

시현이의 남은 거리: 전체의 $\frac{1}{6}$

❷ $\frac{1}{8}<\frac{1}{6}<\frac{1}{5}$

가장 앞에서 달리고 있는 사람은 남은 거리가 가장 적은 사람이므로 서아이다.

4 ❶ 전체 양말 수의 $\frac{1}{6}$만큼을 6배 하면 전체 양말의 수가 된다.

❷ (전체 양말의 수)$=16\times6=96$(켤레)

5 ❶ 남은 피자는 처음에 있던 피자를 똑같이 9로 나눈 것 중 $9-8=1$이다. ➡ 처음 피자의 $\frac{1}{9}$

❷ 처음 피자 수의 $\frac{1}{9}$만큼을 9배 하면 처음 피자의 수가 된다.

❸ (처음에 있던 피자의 수)$=50\times9=450$(판)

6 ❶ $\frac{6}{15}$은 $\frac{1}{15}$의 6배이므로

(호수 둘레의 $\frac{1}{15}$만큼 걷는 데 걸린 시간)

$=12\div6=2$(분)

❷ 호수 둘레를 한 바퀴 걷는 시간의 $\frac{1}{15}$만큼을 15배 하면 한 바퀴를 걷는 데 걸리는 시간이 된다.

❸ (호수 둘레를 한 바퀴 걷는 데 걸리는 시간)
$=2\times15=15\times2=30$(분)

2주 5일 복습   19 ~ 20쪽

1 21	2 6
3 18	4 42

1

> **전략**
> |보기|의 약속에 따라 나눗셈식을 세워 계산하자.

❶ $\langle12\rangle \Rightarrow 12\div6=2 \Rightarrow \langle12\rangle=2$
$\langle30\rangle \Rightarrow 30\div6=5 \Rightarrow \langle30\rangle=5$
$\langle36\rangle \Rightarrow 36\div6=6 \Rightarrow \langle36\rangle=6$
$\langle48\rangle \Rightarrow 48\div6=8 \Rightarrow \langle48\rangle=8$

❷ $\langle12\rangle+\langle30\rangle+\langle36\rangle+\langle48\rangle$
$=2+5+6+8=21$

2 ❶ $\langle72\rangle \Rightarrow 72\div9=8 \Rightarrow \langle72\rangle=8$
$\langle45\rangle \Rightarrow 45\div9=5 \Rightarrow \langle45\rangle=5$
$\langle27\rangle \Rightarrow 27\div9=3 \Rightarrow \langle27\rangle=3$

❷ $\langle72\rangle-\langle45\rangle+\langle27\rangle=8-5+3=6$

3

> **전략**
> 한 조건을 이용하여 표를 만든 후 나머지 조건을 만족하는 경우를 찾자.

❶ ㉠÷㉡=3이므로 ㉠은 ㉡의 3배이다.
➡ ㉡×3=㉠

❷ ㉡×3=㉠을 만족하는 표 만들기

㉡	1	2	3	4	5	6
㉠	3	6	9	12	15	18
㉠+㉡	4	8	12	16	20	24

❸ 표에서 ㉠+㉡=24가 되는 경우를 찾으면
㉠=18, ㉡=6이다.

4 ❶ ◎÷◇=6이므로 ◎는 ◇의 6배이다.
➡ ◇×6=◎

❷ ◇×6=◎를 만족하는 표 만들기

◇	1	2	3	4	5	6	7
◎	6	12	18	24	30	36	42
◎−◇	5	10	15	20	25	30	35

❸ 표에서 ◎−◇=35가 되는 경우를 찾으면
◇=7, ◎=42이다.

> **참고**
> 두 수의 차는 큰 수에서 작은 수를 빼서 구한다.

정답과 해설

3주 곱셈

3주 1일 복습   **21~22**쪽

1 360개	**2** 215개
3 126송이	**4** 496개
5 120개	**6** 420개

1 ❶ 1시간=60분이므로
　　1시간 12분=60분+12분=72분
❷ (포장한 제품의 수)=5×72=72×5
　　　　　　　　　　 =360(개)

2 ❶ (11월의 날수)=30일
　　(11월에 만든 팔찌의 수)=2×30=30×2
　　　　　　　　　　　　　 =60(개)
❷ (12월의 날수)=31일
　　(12월에 만든 팔찌의 수)=5×31=31×5
　　　　　　　　　　　　　 =155(개)
❸ (두 달 동안 만든 팔찌의 수)=60+155=215(개)

3 ❶ 1주일=7일이므로
　　3주일=7일+7일+7일=21일
❷ (꽃을 만든 시간)=3×21=21×3=63(시간)
❸ (만든 꽃의 수)=2×63=63×2=126(송이)

4 ❶ 하루는 24시간이다.
❷ 3×8=24이므로 24시간은 3시간의 8배이다.
❸ (하루 동안 만들 수 있는 장난감의 수)
　　=62×8=496(개)

5 ❶ 1시간=60분이므로
　　3시간 20분=180분+20분=200분
❷ 40×5=200이므로 200분은 40분의 5배이다.
❸ (3시간 20분 동안 만들 수 있는 솜사탕의 수)
　　=24×5=120(개)

6 ❶ 2주일 동안 장사한 날수는 4일이다.
　　(2주일 동안 장사한 시간)
　　=7×4=28(시간)
❷ 4×7=28이므로 28시간은 4시간의 7배이다.
❸ (2주일 동안 팔린 햄버거의 수)
　　=60×7=420(개)

3주 2일 복습   **23~24**쪽

1 112 m	**2** 410 m
3 100 m	**4** 360 m
5 288 m	**6** 1500 cm

1 ❶ (1분 후 자동차와 오토바이 사이의 거리)
　　=97-83=14 (m)
❷ (8분 후 자동차와 오토바이 사이의 거리)
　　=14×8=112 (m)

2 ❶ (1분 후 토끼와 돼지 사이의 거리)
　　=58+24=82 (m)
❷ (지금 토끼와 돼지 사이의 거리)
　　=82×5=410 (m)

3 ❶ (윤정이가 걸은 시간)=9분
　　(진호가 걸은 시간)=9-4=5(분)
❷ (윤정이가 9분 동안 걸은 거리)
　　=50×9=450 (m)
　　(진호가 5분 동안 걸은 거리)
　　=70×5=350 (m)
❸ (윤정이가 출발한 지 9분 후 두 사람 사이의 거리)
　　=450-350=100 (m)

4 ❶ 46+46=92이므로
　　(도로 한쪽에 단 태극기의 수)=46개
❷ (도로 한쪽에 단 태극기 사이의 간격 수)
　　=46-1=45(군데)
❸ (도로의 길이)=8×45=45×8=360 (m)

5 ❶ (가로등 사이의 간격 수)=48군데
❷ (연못의 둘레)=6×48=48×6=288 (m)

> **참고**
> 원 모양의 연못 둘레는 시작과 끝이 같으므로
> 가로등 사이의 간격 수와 세운 가로등의 수가 같다.

6 ❶ (작품 사이의 간격 수)=9-1=8(군데)
　　(작품 사이 간격의 길이의 합)
　　=8×95=95×8=760 (cm)
❷ (작품 9개의 가로 길이의 합)
　　=9×60=60×9=540 (cm)
❸ (벽의 가로 길이)
　　=760+540+100+100=1500 (cm)

3주 3일 복습 25~26쪽

1 214장	**2** 소희, 26번
3 104개	**4** 63분
5 128초	**6** 134분

1 ❶ (상추의 수)=16×4=64(장)
　 (깻잎의 수)=25×6=150(장)
　 ❷ (상추와 깻잎 수의 합)=64+150=214(장)

2 ❶ (소희가 줄넘기를 한 횟수)=46×5=230(번)
　 (소희 아버지가 줄넘기를 한 횟수)
　 　=68×3=204(번)
　 ❷ 230>204이므로 소희가 줄넘기를
　 　230-204=26(번) 더 많이 했다.

3 ❶ (울타리 안에 남은 오리의 수)
　 　=37-11=26(마리)
　 　(울타리 안에 남은 염소의 수)
　 　=22-9=13(마리)
　 ❷ (울타리 안에 남은 오리의 다리 수)
　 　=2×26=26×2=52(개)
　 　(울타리 안에 남은 염소의 다리 수)
　 　=4×13=13×4=52(개)
　 ❸ (울타리 안에 남은 오리와 염소의 전체 다리 수)
　 　=52+52=104(개)

4 ❶ (공원을 도는 데 걸린 시간의 합)
　 　=12×4=48(분)
　 ❷ (쉬는 횟수)=4-1=3(번)
　 　➡ (쉬는 시간의 합)=5×3=15(분)
　 ❸ (전체 걸린 시간)=48+15=63(분)

5 ❶ 1층에서 4층까지 세 층을 올라가는 데 48초가 걸린다. 16+16+16=48이므로 한 층을 올라가는 데 걸리는 시간은 16초이다.
　 ❷ (올라가는 층수)=9-1=8(층)
　 　➡ (전체 걸리는 시간)=16×8=128(초)

6 ❶ (자르는 횟수)=7-1=6(번)
　 　➡ (통나무를 자르는 시간의 합)
　 　　=14×6=84(분)
　 ❷ (쉬는 횟수)=6-1=5(번)
　 　➡ (쉬는 시간의 합)=10×5=50(분)
　 ❸ (전체 걸린 시간)=84+50=134(분)

3주 4일 복습 27~28쪽

1 6	**2** 7개	**3** 9
4 8마리, 12마리	**5** 17송이, 18송이	

1 ❶ 어떤 수를 □라 하여 곱셈식을 세우면 53×□이다.
　 ❷ □=5일 때: 53×5=265
　 　□=6일 때: 53×6=318
　 ❸ 300보다 크면서 300에 가장 가까운 계산 결과는 318이다. ➡ 어떤 수 □는 6이다.

2 ❶ 찾아야 하는 보물쪽지의 수를 □라 하여 곱셈식을 세우면 16×□이다.
　 ❷ □=6일 때: 16×6=96
　 　□=7일 때: 16×7=112
　 ❸ 100보다 큰 수 중 가장 작은 수는 112이다.
　 　➡ 찾아야 하는 보물쪽지는 적어도 7개이다.

3 ❶ 어떤 수를 □라 하여 곱셈식을 세우면 58×□이다.
　 ❷ □=8일 때: 58×8=464 ➡ 500-464=36
　 　□=9일 때: 58×9=522 ➡ 522-500=22
　 ❸ 36>22이므로 500에 가장 가까운 계산 결과는 522이다. ➡ 어떤 수 □는 9이다.

4 ❶ 예

오징어의 수(마리)	9	8
오징어의 다리 수(개)	9×10=90	8×10=80
문어의 수(마리)	11	12
문어의 다리 수(개)	11×8=88	12×8=96
다리 수의 합(개)	90+88=178	80+96=176

　 ❷ 오징어는 8마리, 문어는 12마리이다.

5 ❶ 예

코스모스의 수(송이)	18	17
코스모스의 꽃잎 수(장)	8×18=144	8×17=136
무궁화의 수(송이)	17	18
무궁화의 꽃잎 수(장)	5×17=85	5×18=90
꽃잎 수의 합(장)	144+85=229	136+90=226

　 ❷ 코스모스는 17송이, 무궁화는 18송이이다.

3주 5일 복습   29~30쪽

1 196	**2** 8
3 520	**4** 70

1 ❶ $21 \times 4 = 84$, $84 \times 1 = 84$,
$14 \times 6 = 84$, $42 \times 2 = 84$
➡ 바깥쪽 칸과 안쪽 칸에 있는 두 수의 곱이
모두 84로 같은 규칙이 있다.

❷ • $\bigcirc \times 3 = 84$
➡ $28 \times 3 = 84$이므로 $\bigcirc = 28$이다.
• $12 \times \bigcirc = 84$
➡ $12 \times 7 = 84$이므로 $\bigcirc = 7$이다.

❸ $\bigcirc$과 $\bigcirc$의 곱: $\bigcirc \times \bigcirc = 28 \times 7 = 196$

2 ❶ $90 \times 1 = 90$, $30 \times 3 = 90$,
$18 \times 5 = 90$, $15 \times 6 = 90$
➡ 바깥쪽 칸과 안쪽 칸에 있는 두 수의 곱이
모두 90으로 같은 규칙이 있다.

❷ • $\bigcirc \times 9 = 90$
➡ $10 \times 9 = 90$이므로 $\bigcirc = 10$이다.
• $45 \times \bigcirc = 90$
➡ $45 \times 2 = 90$이므로 $\bigcirc = 2$이다.

❸ $\bigcirc$과 $\bigcirc$의 차: $\bigcirc - \bigcirc = 10 - 2 = 8$

3 ❶ 수 카드의 수의 크기 비교하기:
$8 > 6 > 5 > 3 > 1 > 0$

❷ 곱이 가장 크게 되려면
$\bigcirc$에 가장 큰 수를 넣어야 하므로 8을 넣는다.

❸ 곱이 가장 크게 되려면
곱해지는 수 $\bigcirc\bigcirc$은 나머지 수로 가장 큰 수를
만들어야 하므로 65이다.

❹ 곱이 가장 크게 되는 곱셈식: $65 \times 8 = 520$

4 ❶ 수 카드의 수의 크기 비교하기:
$2 < 3 < 5 < 6 < 7 < 9$

❷ 곱이 가장 작게 되려면
$\bigcirc$에 가장 작은 수를 넣어야 하므로 2를 넣는다.

❸ 곱이 가장 작게 되려면
곱해지는 수 $\bigcirc\bigcirc$은 나머지 수로 가장 작은 수를
만들어야 하므로 35이다.

❹ 곱이 가장 작게 되는 곱셈식: $35 \times 2 = 70$

4주 길이와 시간

4주 1일 복습   31~32쪽

1 오후 5시 30분	**2** 오전 11시 55분
3 오후 3시 28분	**4** 오후 3시 50분
5 오전 10시 15분	**6** 오후 5시 45분

1 ❶ (대청소가 끝난 시각)
=오후 2시 30분+1시간 50분=오후 4시 20분
❷ (옷 정리가 끝난 시각)
=오후 4시 20분+1시간 10분=오후 5시 30분

2 ❶ (만나기로 약속한 시각)
=오전 10시 30분+1시간 10분
=오전 11시 40분
❷ (진태가 도착한 시각)
=오전 11시 40분+15분
=오전 11시 55분

3 ❶ (초아가 도착한 시각)
=오후 4시 되기 20분 전=오후 3시 40분
❷ (민정이가 도착한 시각)
=오후 3시 40분+13분=오후 3시 53분
❸ (신애가 도착한 시각)
=오후 3시 53분－25분=오후 3시 28분

4 ❶ (게임을 한 시간)
=80분=60분+20분=1시간 20분
❷ (게임을 시작한 시각)
=오후 5시 10분－1시간 20분
=오후 3시 50분

5 ❶ (달린 시간)+(쉰 시간)+(걸은 시간)
=25분+15분+25분=65분
➡ 65분=60분+5분=1시간 5분
❷ (운동장을 달리기 시작한 시각)
=오전 11시 20분－1시간 5분
=오전 10시 15분

6 ❶ (관람한 시간)+(이동한 시간)+(산책한 시간)
=1시간 15분+30분+1시간 5분=2시간 50분
❷ (미술관에 도착한 시각)
=오후 8시 35분－2시간 50분
=오후 5시 45분

4주 2일 복습 33 ~ 34 쪽

1 5시간 45분	**2** 2시간 55분 30초
3 1시간 30분	**4** 13시간 53분
5 3시간 24분	
6 10시간 47분, 13시간 13분	

1 ❶ (만조 시각)=오전 10시 45분
　(간조 시각)=오후 4시 30분
　　　　　　 =(4＋12)시 30분=16시 30분
　❷ (만조와 간조 시각의 차이)
　　 =16시 30분−10시 45분=5시간 45분

2 ❶ (출발한 시각)=오전 10시 50분
　(도착한 시각)=오후 1시 45분 30초
　　　　　　 =(1＋12)시 45분 30초
　　　　　　 =13시 45분 30초
　❷ (완주하는 데 걸린 시간)
　　 =13시 45분 30초−10시 50분
　　 =2시간 55분 30초

3 ❶ 체험 활동 시작 시각은
　세계 옷 체험: 3시 45분, 세계 건축 체험: 5시 15분
　❷ (세계 옷 체험을 하는 시간)
　　 =5시 15분−3시 45분=1시간 30분

4 ❶ (해넘이 시각)=오후 7시 12분
　　　　　　　 =(7＋12)시 12분=19시 12분
　❷ (낮의 길이)=19시 12분−5시 19분
　　　　　　 =13시간 53분

5 ❶ (밤의 길이)=24시간−13시간 42분
　　　　　　 =10시간 18분
　❷ (낮의 길이)−(밤의 길이)
　　 =13시간 42분−10시간 18분=3시간 24분

6 ❶ (해가 진 시각)=오후 5시 35분
　　　　　　　 =(5＋12)시 35분
　　　　　　　 =17시 35분
　❷ (낮의 길이)=17시 35분−6시 48분
　　　　　　 =10시간 47분
　❸ (밤의 길이)=24시간−10시간 47분
　　　　　　 =13시간 13분

4주 3일 복습 35 ~ 36 쪽

1 1 km 500 m	**2** 5 km 500 m
3 2 km 100 m	**4** 오후 3시 45분
5 오후 12시 15분	**6** 오전 10시 14분

1
```
출발 ──1800 m── 효주 ──────── 수진
     ╰────── 3 km 300 m ──────╯
```
　❶ (효주가 간 거리)=1800 m=1 km 800 m
　❷ (지금 두 사람 사이의 거리)
　　 =3 km 300 m−1 km 800 m=1 km 500 m

2
```
          출발
      현중         미래
    2600 m        2 km 900 m
```
　❶ (현중이가 간 거리)=2600 m=2 km 600 m
　❷ (호수 둘레의 길이)=2 km 600 m＋2 km 900 m
　　　　　　　　　 =5 km 500 m

3
```
    3 km 200 m 경민   용찬  2700 m
경민 출발    ──── 8 km ────   용찬 출발
```
　❶ (용찬이가 간 거리)=2700 m=2 km 700 m
　❷ (지금 두 사람 사이의 거리)
　　 =8 km−3 km 200 m−2 km 700 m
　　 =2 km 100 m

4 ❶ (끝날 때까지 경기한 시간)=30분＋30분=1시간
　❷ (쉰 시간)=10분
　❸ (끝나는 시각)=오후 2시 35분＋1시간＋10분
　　　　　　　 =오후 3시 45분

5 ❶ (4교시 수업이 끝날 때까지 수업한 시간)
　　 =45분＋45분＋45분=135분=2시간 15분
　❷ (쉰 시간)=15분＋15분=30분
　❸ (4교시 수업이 끝나는 시각)
　　 =오전 9시 30분＋2시간 15분＋30분
　　 =오후 12시 15분

6 ❶ (네 번째 역에 도착할 때까지 이동한 시간)
　　 =40분＋40분＋40분=120분=2시간
　❷ (정차한 시간)=2분＋2분=4분
　❸ (도착한 시각)=오전 8시 10분＋2시간＋4분
　　　　　　　 =오전 10시 14분

정답과 해설

4주 4일 복습   37~38 쪽

1 200바퀴	**2** 오후 9시 15분
3 2시간 40분	**4** 오전 4시 38분 50초
5 오전 9시 1분 5초	

1 ❶ (놀이공원에 있었던 시간)
   =오후 4시 50분−오후 1시 30분=3시간 20분
   ➡ 3시간 20분=180분+20분=200분
   ❷ 200분 동안에는 초바늘이 시계를 200바퀴 돈다.

2 ❶ 초바늘이 95바퀴를 도는 데 걸리는 시간: 95분
   ➡ 95분=60분+35분=1시간 35분
   ❷ (끝낸 시각)=오후 7시 40분+1시간 35분
       =오후 9시 15분

3 ❶ 초바늘이 130바퀴를 도는 데 걸리는 시간: 130분
   ➡ 130분=60분+60분+10분=2시간 10분
   ❷ (체험이 끝난 시각)=오후 3시 20분+2시간 10분
       =오후 5시 30분
   ❸ (걸린 시간)=오후 8시 10분−오후 5시 30분
       =2시간 40분

4 ❶ 오후 6시 40분부터 10시간 후는 다음날 오전 4시 40분이다.
   ❷ (10시간 동안 느려지는 시간)=7×10=70(초)
       ➡ 1분 10초
   ❸ (10시간 후에 시계가 가리키는 시각)
       =오전 4시 40분−1분 10초
       =오전 4시 38분 50초

5 ❶ 7월 15일 오전 9시부터 7월 28일 오전 9시까지는 13일이다.
   ❷ (13일 동안 빨라지는 시간)=5×13=65(초)
       ➡ 1분 5초
   ❸ (7월 28일 오전 9시에 시계가 나타내는 시각)
       =오전 9시+1분 5초=오전 9시 1분 5초

4주 5일 복습   39~40 쪽

1 40분	**2** 1시간 54분
3 620 m	**4** 350 m

1 ❶ 청소를 시작한 시간은 오후 3시 이후부터 오후 4시 20분 이전의 시각이므로 '시' 부분에는 3과 4만 올 수 있다.
   ❷ 시작한 시각 구하기
     • 3×('분' 부분)=120이면
       ('분' 부분)=40이므로 오후 3시 40분이다.
     • 4×('분' 부분)=120이면
       ('분' 부분)=30이므로 오후 4시 30분이다.
       ➡ 끝낸 시각이 오후 4시 20분이므로 시작한 시각은 오후 3시 40분이다.
   ❸ (걸린 시간)=오후 4시 20분−오후 3시 40분
       =40분

2 ❶ |보기|와 같은 방법으로 나타내면 들어간 시각은 6×24=144이므로 나온 시각도 144이다.
   ❷ 나온 시각은 오후 8시와 오후 9시 사이의 시각이므로 '시' 부분에는 8만 올 수 있다.
   ❸ 나온 시각 구하기
     8×('분' 부분)=144이면
     ('분' 부분)=18이므로 나온 시각은 오후 8시 18분이다.
   ❹ (머문 시간)=오후 8시 18분−오후 6시 24분
       =1시간 54분

3

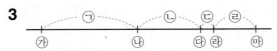

   ❶ ㉮~㉣: ㉠+㉡+㉢=8 km 140 m
     ㉯~㉺: ㉡+㉢+㉣=5 km 760 m
   ❷ (㉠+㉡+㉢)+(㉢+㉡)+(㉡+㉢+㉣)
       +(㉣+㉢)=20 km 280 m
     ➡ (㉠+㉡+㉢)+(㉢+㉡)
       +(㉡+㉢+㉣)+㉢=20 km 280 m
   ❸ 8 km 140 m+5 km 760 m+5 km 760 m
     +㉢=20 km 280 m ➡ ㉢=620 m

4

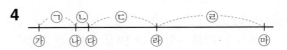

   ❶ ㉺~㉯: ㉣+㉢+㉡=6 km 320 m
     ㉣~㉮: ㉢+㉡+㉠=3 km 950 m
   ❷ (㉣+㉢+㉡)+(㉢+㉡)+(㉢+㉡+㉠)
       +(㉠+㉡)=14 km 570 m
     ➡ (㉣+㉢+㉡)+(㉢+㉡+㉠)
       +(㉢+㉡+㉠)+㉡=14 km 570 m
   ❸ 6 km 320 m+3 km 950 m+3 km 950 m
     +㉡=14 km 570 m ➡ ㉡=350 m